Arwa Muslim Hassan
Aisha Zoheir Al-Magboul
Ahmed Saeed Kabbashi

Descoberta da atividade antimicrobiana de alguns óleos essenciais

Arwa Muslim Hassan
Aisha Zoheir Al-Magboul
Ahmed Saeed Kabbashi

Descoberta da atividade antimicrobiana de alguns óleos essenciais

Constituintes antimicrobianos, citotóxicos e químicos de Xylopia Aethiopica (Dunal) A.Rich e Eucalyptus Camaldulensis Deh

ScienciaScripts

Imprint

Cover image: www.ingimage.com

This book is a translation from the original published under ISBN 978-3-659-85235-0.

Publisher:
Sciencia Scripts
is a trademark of
Dodo Books Indian Ocean Ltd. and OmniScriptum S.R.L publishing group

120 High Road, East Finchley, London, N2 9ED, United Kingdom
Str. Armeneasca 28/1, office 1, Chisinau MD-2012, Republic of Moldova, Europe
Printed at: see last page
ISBN: 978-620-8-35950-8

ÍNDICE

Dedication

This work is dedicated to my beloved mother,

my aunt, brothers, relatives, friends and all

people who helped me.

Arwa Muslim Hassan

AGRADECIMENTOS

Em primeiro lugar, estou grato a Deus Todo-Poderoso, Misericordioso, Omnipotente, Omnipresente e Omnisciente, pela ajuda e bênção que me deu para poder concluir este estudo.

Dr.ª Aisha Zoheir Al Magboul, diretora formal do Instituto de Investigação de Plantas Medicinais e Aromáticas (MAPRI), pela sua grande ajuda, paciência, apoio e sugestões frutuosas.

Estou igualmente grato ao meu co-orientador**, Dr. Haider Abd Algadir**, ex-chefe do Departamento de Fitoquímica e Taxonomia do Instituto de Investigação sobre Plantas Medicinais e Aromáticas e Medicina Tradicional (MAPTMRI), pela sua orientação e apoio generoso antes e durante este trabalho.

No departamento de microbiologia e parasitologia (MAPTMRI), estou grato a Ahemd Saeed, Mohmed Omer, Ahmed Abdelmunim e Mohammed mahgoub pela sua inestimável ajuda durante este trabalho.

no departamento de fitoquímica e taxonomia agradece ao técnico Muddathir Sedige e a muhgoub oul pela sua ajuda e apoio gentil.

Estou em dívida para com a minha mãe, irmãos, tios e amigos pelo seu encorajamento e para com a minha tia pelo seu apoio financeiro e paciência.

Por último, gostaria de registar os meus agradecimentos a todos aqueles que me ajudaram durante as etapas deste trabalho.

RESUMO

Os óleos essenciais dos frutos de *Xylopia aethiopica* (Dunal) A.Rich, pertencente à família Annonaceae, e das folhas de Eucalyptus *Camaldulensis* Dehnh., pertencente à família Myrtaceae, foram analisados quanto às suas actividades antimicrobianas e citotóxicas e quanto às suas composições químicas. Os óleos essenciais de ambas as plantas foram testados contra seis bactérias padrão, duas bactérias Gram positivas (*Bacillus subtilis, Staphylococcus aureus*), e quatro Gram negativas (*Escherichia coli, Klebsiella pneumoniae, Proteus vulgaris, Pseudomonas aeruginosa*) e dois fungos padrão (*Aspergillus niger, Candida albicans*) utilizando o método de difusão em ágar-placa.

O óleo essencial de *Xaethiopica* mostrou uma atividade elevada (21mm) contra *S.aureus, Ps. aeruginosa, C. albicans* e (19mm) contra *A.niger*. Também mostrou atividade moderada (15mm) contra *E.coli*, (16mm) contra *B.subtilis, Pr. vulgaris* e (17mm) contra *Kl. Pneumoniae*.

O óleo essencial de *E. camaldulensis* mostrou uma atividade elevada (22 mm) contra *S.aureus*, (20 mm) *contra E.coli* e *C. albicans*. Também possuía uma atividade moderada (17 mm) contra *B. subtilis, Kl. Pneumoniae e Pr. vulgaris* (18mm) contra *Ps. aeruginosa* e (16mm) contra *A.niger*.

As concentrações inibitórias mínimas (CIMs) de ambos os óleos essenciais de *X.aethiopica* e *E. camaldulensis* contra bactérias padrão foram determinadas usando o método de diluição em placa de ágar e as CIMs de ambas as plantas foram 12,5 µg/ml.

Os óleos essenciais de *X.aethiopica* e *E. camaldulensis* foram ainda testados contra cinquenta isolados clínicos, recolhidos aleatoriamente de pacientes do laboratório do Hospital Universitário de Cartum e do Hospital Soba.

A atividade antibacteriana de dois medicamentos de referência e a atividade antifúngica de dois medicamentos de referência foram determinadas contra seis bactérias e dois fungos e as suas actividades foram comparadas com a atividade dos óleos essenciais de ambas as plantas.

A citotoxicidade dos óleos essenciais dos frutos de *X.aethiopica* e das folhas de *E. Camaldulensis* foi avaliada através do teste de letalidade do camarão de Brine e do ensaio de tetrazólio em microcultura CMTT].

As composições químicas de ambos os óleos essenciais dos frutos de *Xaethiopica* e das folhas de *E. Camaldulensis* foram analisadas por Cromatografia Gasosa e Espectroscopia de Massa. (Setenta e dois compostos foram identificados nos frutos *de Xaethiopica* e cinquenta e quatro compostos foram identificados nas folhas de *E. Camaldulensis.*

Os principais constituintes do óleo essencial dos frutos de *Xaethiopica* foram β-pineno(15,06%], β-felandreno (8,24%] e α-pineno(7,385%] e o das folhas de *E. Camaldulensis* foram Globulol(15,28%], α-pineno (7,13%], "-phellandrene C3,55%) e Timol(3,01%).

Os óleos essenciais dos frutos de *Xaethiopica* e das folhas de *E. Camaldulensis* podem ser potencialmente utilizados como agentes antimicrobianos.

CAPÍTULO 1

INTRODUÇÃO E REVISÃO DA LITERATURA

1.1 Introdução

As plantas aromáticas contêm compostos odoríferos, voláteis, hidrofóbicos e altamente concentrados, denominados óleos essenciais (ou óleos voláteis ou etéreos). Estes são obtidos a partir de várias partes da planta, tais como flores, botões, sementes, folhas, galhos, cascas, madeira, frutos e raízes **(Brenes e Roura, 2010; Negi, 2012).** Os óleos essenciais são misturas agrícolas complexas de metabolitos secundários constituídos por fenilpropenos e terpenos de baixo ponto de ebulição **(Greathead, 2003).**

As famílias mais importantes do ponto de vista dos óleos essenciais são: *Asteraceae* ou *Compositae*, *Lamiaceae* ou *Labiateae* e *Apiaceae* ou *Umbelliferae* **(Bernath, 2009).**

A análise detalhada da composição dos compostos voláteis dos óleos pode ser obtida por cromatografia gasosa e espetrometria de massa **(Brenes e Roura, 2010).** Verificou-se que existem misturas valiosas de principalmente terpenóides como linalol, geraniol, borneol, mentol, tujanol, citronilol, α-terpineol e uma variedade de hidrocarbonetos alifáticos de baixo peso molecular como fenóis (timol, carvacrol, eugenol, gaiacol) e aldeídos aromáticos (cinamaldeído, cuminal e felandral) **(Bakkali *et al.*, 2008).**

Os óleos são normalmente extraídos por destilação a vapor, embora atualmente a utilização da extração supercrítica com dióxido de carbono se tenha tornado cada vez mais popular **(Lubbe e Verpoorte, 2011).** Dependendo do tipo e da concentração, os óleos essenciais apresentam efeitos citotóxicos nas células vivas, embora não sejam genotóxicos. A atividade citotóxica dos óleos essenciais deve-se principalmente à presença de fenóis, aldeídos e álcoois **(Sacchetti *et al.*, 2005).** Esta atividade citotóxica é de grande interesse para aplicações contra alguns agentes patogénicos e parasitas humanos ou animais, bem como para a preservação de produtos agrícolas e marinhos **(Bakkali *et al.*, 2008).** Há séculos que se sabe que as plantas aromáticas - principalmente os seus óleos essenciais ou componentes - podem atuar contra uma grande variedade de organismos, incluindo bactérias, vírus, fungos, protozoários, parasitas e insectos **(Basile *et al.*, 2006; Duschatzky *et al.*, 2005; Hammer *et al.*, 2002; Moon *et al.*, 2006; Yang e Ma, 2005).** Além disso, os óleos essenciais podem exibir actividades hipolipidémicas **(Srinivasan, 2004)**, antioxidantes **(Botsoglou *et al.*,2004)**, estimulantes digestivas **(Platel e Srinivasan, 2004)** , e antitoxigénicas **(Ultee e Smid, 2001)** e podem também contribuir para o controlo do odor e do amoníaco **(Varel, 2002).**

Existem mais de 3000 plantas utilizadas pelos seus óleos essenciais, das quais cerca de 300 são utilizadas comercialmente como aromas e fragrâncias **(Van de Braak e Leijten, 1999).** A indústria alimentar utiliza os óleos em refrigerantes, produtos de confeitaria, *etc*., e a indústria cosmética utiliza-os em perfumes, produtos para o cuidado da pele e do cabelo, aromatoterapia, *etc*., enquanto a indústria farmacêutica os utiliza pelas suas propriedades funcionais **(Lubbe e Verpoorte, 2011).**

1.2 . Objectivos

Os objectivos do presente trabalho:

1. Verificar a atividade antimicrobiana da *Xylopia aethiopica* e do *Eucalyptus camaldulensis* contra bactérias e fungos padrão.

2. Testar a atividade antimicrobiana de ambas as plantas contra 50 isolados clínicos recolhidos aleatoriamente de diferentes hospitais.

3. Determinar as suas concentrações inibitórias mínimas.

4. Comparar a atividade dos óleos essenciais com a atividade de antibióticos e antifúngicos conhecidos.

5. Determinar a citotoxicidade dos óleos essenciais utilizando o teste de letalidade da artémia e utilizando o brometo de 3- (4, 5-dimetiltiazol-2-il)-2, 5-difenil tetrazólio (ensaio MTT).

6. Determinar as composições químicas da *Xylopia aethupica* e do *Eucalyptus camaldulensis* usando Cromatografia Gasosa e Espectroscopia de Massa.

1.3 Revisão da literatura

1.3.1*Xilopia*

Xylopia é um género de planta pertencente à família Annonaceae. Este género é composto exclusivamente por árvores, cuja distribuição é pantropical . Contém as seguintes espécies (mas esta lista pode estar incompleta): *Xylopia africana*, (Benth.) Oliv., *Xylopia amplexicaulis*, (Lam.) Baillon, *Xylopia aethiopica* (Dunal) A. Rich., *Xylopia aromatica* (Lam.) Mart., *Xylopia championii* Hook.f. & Th., *Xylopia ekmanii*, R.E. Fries, *Xylopia elliotii*, Engl, *Xylopia elliptica*, Maingay ex Hook.f. & Th., *Xylopia flexuosa* , *Xylopia frutescens* Aubl., *Xylopia ferruginea* , *Xylopia hastarum*, M.L. Green , *Xylopia lamarckii*, Baillon , *Xylopia latipetala*, Verdc. , *Xylopia longifolia*, DC. *Xylopia magna*, Maingay ex Hook.f. & Th. , *Xylopia pierrei*, Hance , *Xylopia richardii*, Boivin ex Baillon , *Xylopia sericea* A. St.-Hil. , *Xylopia talbotii*, Exell. **Germplasm Resorce Information Network (GRIN, 2007).**

1.3.1.1 Antecedentes:

A Xylopia aethiopica (Dunal) A. Rich (Annonaceae) é uma planta medicinal valiosa, amplamente distribuída na floresta tropical da África Ocidental, desde o Senegal até ao Sudão, na África Oriental, e até Angola, na África Austral (**Irvine, 1961; Burkhill, 1985**). Os óleos essenciais ou os seus constituintes são substâncias odoríferas provenientes de plantas e são amplamente utilizados como produtos medicinais, na indústria alimentar como aromas e na indústria cosmética como fragrâncias (**Evans, 2003**).

A planta aromática *X.aethiopica* Dunal (Annonacae), vulgarmente conhecida como pimenta da Etiópia ou pimenta preta, tem sido utilizada na Europa, Ásia e África como substituto da pimenta e especiaria na cozinha local. Várias partes da planta têm sido tradicionalmente utilizadas em diferentes preparações terapêuticas (**Fall *et al.*, 2003; Ogunkunle e Ladejobi, 2006**).

As propriedades biológicas das plantas aromáticas, como as plantas Annonaceae, são parcialmente atribuídas aos seus óleos essenciais (**Aminimoghadamfarouj *et al.*, 2011**).

1.3.1.2 *Xylopia aethiopica* (Dunal) A. Rich.

Família: Annonaceae

Nomes de varnaculistas: Hab al-zelim,fulful as-Sudan

Designação comercial: Pimenta da Etiópia/Guiné, árvore das especiarias, pimenta preta

Nomes locais: Etiópia - Konde- berbere, Gana - Hwentia, Serra Leoa - Hewe, Costa do Marfim - Fonde, Togo - Akatapure, Nigéria - Sesedu, Kimba,

Figura (1): Frutos *de Xylopia aethiopica*

1.3.1.3 Descrição botânica

A Xylopia aethiopica é uma árvore fina, alta, perene, aromática, com 15-30 m de altura e cerca de 60-70 cm de diâmetro, com caule reto, copa multifacetada e, por vezes, contrafortada. Casca cinzento-acastanhada, lisa ou finamente fissurada verticalmente e que se descasca facilmente. Folhas simples, alternas, oblongas, elípticas a ovadas, com 8-16,5 por 2,86,5 cm, coriáceas, verde-azuladas e sem pêlos em cima, mas com pêlos finos acastanhados em baixo, margem inteira e glabra; pecíolo 0,3-0,6 cm, espesso e de cor escura. Flores bissexuais, solitárias ou em fasículos de 3-5 flores ou em espigas estranhas, sinuosas e ramificadas, ou em cimas, até 5,5 por 0,4 cm e verde-creme. Frutos pequenos, carpelos 7-24, formando um cacho denso, vagens retorcidas em forma de feijão, castanho-escuras, cilíndricas, com 1,5-6 cm de comprimento e 4-7 mm de espessura; os contornos das sementes são visíveis do exterior. Sementes de cor preta, 5-8 por vagem, em forma de rim, com cerca de 10 mm de comprimento e arilo amarelo paposo. A casca é aromática, mas não a semente em si **(Orwa *et al.*, 2009)**.

1.3.1.4 Distribuição

Xylopia é grego ('xylon pikron') para "madeira amarga", enquanto aethiopica se refere à sua origem etíope e à África Ocidental. Encontra-se amplamente distribuída no Senegal, França, Alemanha, Portugal, Swahili e nas zonas florestais húmidas da África Ocidental, especialmente ao longo dos rios nos países secos e na Nigéria **(Irvine, 1961).**

1.3.1.5 Utilizações medicinais

As raízes muito odoríferas da planta são utilizadas na África Ocidental em tinturas, administradas oralmente para expulsar vermes e outros animais parasitas dos intestinos, ou em extractos para lavar os dentes e a boca contra as dores de dentes. Os frutos também são utilizados de várias formas e apresentam propriedades repulsivas, especialmente quando amassados com grãos. Estas propriedades são utilizadas com vantagem no tratamento externo do reumatismo. Os frutos em pó esmagados também podem ser misturados com gordura de manteiga de karité e óleo de coco e usados como cremes, produtos cosméticos e perfumes **(Burkill, 1985),** e os frutos secos também são usados como especiarias na preparação de duas sopas locais especiais chamadas "obe ata" e "isi-ewu", muito consumidas no sudoeste e sudeste da Nigéria.

Quase todas as partes morfológicas da planta *Xylopia* são usadas na medicina tradicional para tratar várias doenças incluindo infecções cutâneas, candidíase, dispepsia, tosse, febre, disenteria e esterilidade feminina **(Burkhill, 1985; Faulkner, *et al.*, 1985; Irvine, 1961; Mshana *et al.*, 2000; Ghana Herbal Pharmacopoeia, 1992)**. O óleo essencial dos frutos também foi referido por **Adewoyin *et al.* (2006)** como repelente de mosquitos.

Os frutos maduros de cor verde adquirem uma coloração castanha-escura após a secagem e são utilizados como especiarias. O fruto desta planta era utilizado contra a tosse, dores de estômago, tonturas, amenorreia, bronquite, lumbago e nevralgia. Também é usado como calmante, purgativo, repulsivo para a dor e no tratamento de furúnculos e erupções cutâneas **(Tairu *et al.*, 1999)**. Os frutos e as sementes são secos e vendidos inteiros ou moídos para serem usados em guisados, sopas, bolos e sobremesas. Na medicina, a casca é usada no tratamento de dores febris, doenças oculares e hemorróidas **(Weiss, 2002)**.

No Sudão, *a Xylopia aethiopica* (Friuts) é utilizada como antidiabético (**Yasmin *et al.*, 2014**). O extrato aquoso normalizou o efeito tóxico da toxicidade hepática e renal induzida pelo panadol. *A X. aethiopica* possui valores nutricionais e medicinais (**Nadia *et al.*, 2013**).

1.3.1.6 Componentes químicos

A composição do óleo essencial de *Xylopia aethiopica* das folhas, caules e raízes, cascas, frutos frescos e secos foi investigada por **Karioti *et al.* (2004)**. Os constituintes principais eram hidrocarbonetos monoterpenos e sesquiterpenos. **Ekundayo, (1989)** relatou que *X. aethiopica* consistia principalmente em mono e sesquiterpenóides com constituintes típicos sendo α- e β-pineno, mirceno, β-cimeno, limoneno, linalol e 1,8-cineol. Dois novos sesquiterpenos, elemol e guaiol (entre outros terpenos) foram encontrados no óleo essencial dos frutos de *X. aethiopica* da República do Benim (**Ayedoun *et al.*, 1996**). Vários diterpenos da casca, dos frutos e do pericarpo de *X. aethiopica* foram relatados por muitos autores **Faulkner *et al.* (1985); Rabunmi e Pieeru, (1992); Harrigan *et al.*, 1994)**. O óleo essencial dos frutos secos foi bem caracterizado com linalol, β -trans-ocimeno, α - farneseno, α-pineno, β-pineno, mirtenol, β-phellandrene e 3-etilfenol como os principais constituintes voláteis. (**Tairu *et al.*, 1999**). A *X. aethiopica* contém anonaceína, um alcaloide, e rutina, óleo aromático volátil e um óleo fixo. A planta contém quantidades elevadas de cobre, manganês e zinco (**Iwu *et al.*, 1993**).

1.3.1.7 Atividade biológica

Os frutos frescos e secos, as folhas, a casca do caule e os óleos essenciais da casca da raiz das plantas mostraram vários graus de atividade contra as bactérias Gram positivas, *Bacillus subtilis* e *Staphylococcus aureus*, as bactérias Gram negativas *Pseudomonas aeruginosa* e o fungo tipo levedura *Candida albicans*, utilizando o método da placa de copo, no entanto, nenhum dos óleos mostrou atividade contra *Escherichia coli* (**Fleischer *et al*, 2008; Schelz *et al.*, 2006. e Hammer *et al.*, 2002; Iwu *et al.*, 1993; Tairu *et al.*, 1999**).

Foi demonstrado que *a X. aethiopica* tem uma vasta gama de actividades biológicas, incluindo efeitos insecticidas, anti-tumorais, anti-asmáticos, anti-inflamatórios, antimicrobianos, hipotensores e vasodilatadores coronários, que foram atribuídos à grande variedade de metabolitos secundários na planta **(Fleischer, 2003)**.

O ácido xilopícico também demonstrou atividade contra o fungo *Candida albicans* (**Tairu *et al.*, 1999**).

O óleo essencial, bem como os extractos brutos (tanto alcoólicos como aquosos) da *X. aethiopica* demonstraram ter propriedades antimicrobianas contra uma vasta gama de bactérias Gram positivas e Gram negativas, e *Candida albicans*. No entanto, todos estes relatórios estão associados aos frutos secos, sem qualquer informação sobre os óleos das outras partes morfológicas da planta (**Boakye-Yiadom *et al.*, 1977; Thomas, 1989; Tatsadjieu *et al.*, 2003; Asekun e Adeniyi, 2004; Okigbo *et al.*, 2005**).

O estatuto antimicrobiano dos óleos essenciais das folhas, caules e cascas de raiz, e frutos frescos de *X.aethiopica* também foi relatado (**Karioti *et al.*, 2004**).

1.3.2 *Eucalyptus camaldulensis* Dehnh.

1.3.2.1 Antecedentes

O eucalipto é um dos mais diversos géneros de plantas com flor do mundo, pertence à família Myrtaceae (subfamília Myrtoideae) e compreende cerca de 800 espécies **(Gil *et al.*, 2010).** *Eucalyptus camaldulensis* Dehnh, também conhecido como goma vermelha do rio ou goma vermelha de Murray, é uma árvore do género *Eucalyptus* e é nativa da Austrália **(Quattrocchi, 2000)**. *O E. camaldulensis* é provavelmente a espécie de *Eucalyptus* mais difundida na Austrália **(Hillis, 1966).**

1.3.2.2 *Eucalyptus camaldulensis*:

Família :	Myrtaceae
Subfamília :	Myrtoideae
Nomes vernáculos:	Ban, kafur

Figura (2): Folhas *de Eucalyptus camaldulensis.*

Figura (3): Árvore *de Eucalyptus camaldulensis.*

1.3.2.3 Descrição botânica

O Eucalyptus camaldulensis atinge geralmente 20 m de altura, podendo ocasionalmente atingir 50 m, com um diâmetro de tronco de 1 (máx. 2) m; em formações abertas tem um fuste curto e espesso e uma copa grande e espalhada; em plantações tem um fuste claro de 20 m com uma copa erecta e ligeiramente ramificada; casca lisa, branca, cinzenta, verde-amarelada, verde-acinzentada ou cinzenta-rosada, desprendendo-se em tiras ou em flocos irregulares; a casca rugosa ocupa os primeiros 1-2 m do tronco. Folhas cinzento-azuladas, alternas, caídas, com 8-22 cm de comprimento, 1-2 cm de largura, frequentemente curvadas ou em forma de foice, afiladas, curtas e pontiagudas na base. Inflorescência axilar, solitária, 7-11 flores; botões florais brancos, globular-rostrados ou ovoide-cónicos; opérculo hemisférico, rostrado ou cónico, 4-6 x 3-6 mm, obtuso. Frutos muito pequenos, cápsulas na extremidade de caules finos, 5-8 mm, valvas 4, contendo sementes minúsculas.

O género *Eucalyptus* foi descrito e designado em 1788 pelo botânico francês !'Héritier. As flores das várias espécies de *Eucalyptus* são protegidas por um opérculo, daí o nome genérico, que deriva das palavras gregas "eu" (bem) e "kalyptos" (coberto). O epíteto específico homenageia o Conde Camaldoni, em cujo jardim foi plantado *o E. camaldulensis* em 180. Altitude: 0-1500 m, Temperatura média anual: 3-22 a 21-40° C, Precipitação média anual: 250-2500 mm Tipo de solo: Cresce melhor em solos profundos, siltosos ou argilosos com uma base argilosa e um lençol freático acessível. Tolera o encharcamento e as inundações periódicas. É uma das espécies mais tolerantes a solos ácidos **(Orwa *et al.*, 2009)**.

1.3.2.4 Distribuição

Austrália Albânia, Argentina, Bangladesh, Brunei, Camboja, Eritreia, Etiópia, Grécia, Indonésia,

Israel, Itália, Quénia, Laos, Malásia, Malta, Marrocos, Myanmar, Namíbia, Nepal, Nigéria, Paquistão, Filipinas, Espanha, Sudão, Tanzânia, Tailândia, Uganda, Reino Unido, Irão (**Orwa *et al.*, 2009**).

1.3.2.5 Utilizações medicinais

O eucalipto tem sido utilizado na medicina popular em todo o mundo como remédio anti-inflamatório, analgésico e antipirético para os sintomas de infecções respiratórias, como constipação, gripe e congestão sinusal (**Rahimi *et al.*, 2012, Shahwar *et al.*, 2012**).

O *Eucalipto* (Myrtaceae) é utilizado para controlar várias doenças derivadas de infecções microbianas (**Benayache *et al.*, 2001**).

O Eucalyptus camaldulensis (Myrtaceae) é utilizado tradicionalmente para o tratamento de feridas, furúnculos e outras doenças às quais os organismos em estudo estão habitualmente associados (**Mohammed e Naime, 2010; Babayi *et al.*, 2004**).

Os óleos essenciais de espécies de *Eucalyptus* foram aprovados como aditivos alimentares e os extractos são também amplamente utilizados nas indústrias farmacêutica e cosmética modernas (**Arfao *et al.*, 2013**). Os fitomedicamentos derivados de plantas têm-se mostrado muito promissores no tratamento de doenças infecciosas, incluindo infecções virais (**Cowan, 1999**). Entre os produtos naturais, certos óleos essenciais altamente voláteis, atualmente utilizados nas indústrias alimentar, de perfumaria, cosmética, farmacêutica e agrícola, são promissores no controlo de pragas de insectos, particularmente em ambientes confinados, como estufas ou celeiros (**Isman, 2000**).

1.3.2.6 Componentes químicos

O óleo de eucalipto é uma mistura complexa de uma variedade de monoterpenos e sesquiterpenos, fenóis aromáticos, óxidos, éteres, álcoois, ésteres, aldeídos e cetonas (**Brooker e Kleinig, 2006**). Os principais componentes do óleo foram p-cimeno (68,43%), 1,8-cineol (13,92%), 1-(S)-α-pineno (3,45%) e R-(+)- limoneno (2,84%) (**Sahin e Candan, 2010**).

Estudos anteriores sobre os óleos essenciais das flores de *E. camaldulensis* revelaram a presença de 1,8-cineol, β-pineno e espatulenol como os constituintes mais abundantes (**Giamakis *et al.*, 2001**). Verificou-se que as folhas contêm *p-cimeno*, γ-terpineno, α-pineno, 1,8-cineol, terpinen-4-ol, a-terpineol, carvacrol e timol como os componentes principais (**Siramon e Ohtani, 2007**). Os frutos continham aromadendreno, α-pineno, drimenol e cubenol (**El-Ghorab *et al*,**

2002). Um triterpenóide pentacíclico, denominado camaldulina, juntamente com acetato de lactona de ácido ursólico, lactona de ácido ursólico e ácido triterpenóide denominado ácido eucaliptanóico foram isolados de *E. camaldulensis* (**Begum *et al.*, 2000**). Foram isolados alguns glicosídeos flavonóides das folhas de *E. camaldulensis* (**Abd-Alla *et al.*, 1980**), bem como saponina, glicosídeos de saponina, esteroide, glicosídeo cardíaco, taninos, óleos voláteis, fenóis e bálsamo (goma) **(Babayi *et al.*, 2004)**.

1.3.2.7 Atividade biológica

O extrato metanólico de folhas de *Eucalyptus camaldulensis* foi estudado por **Babayi *et al.* (2004)** utilizando o método de diluição em ágar. Os extractos metanólicos das duas plantas, *E. camaldulensis* e *X. aethiopica*, inibiram o crescimento de *Bacillus subtilis* e *Staphylococcus aureus* (ATCC 103207 e estirpes clínicas, respetivamente), mas não tiveram efeitos inibitórios sobre *Pseudomonas aeruginosa, Salmonella typhi*, *Escherichia coli* e *Candida albicans*, que foi inibida apenas pelos extractos brutos de *E. camaldulensis* **(Babayi *et al*, 2004; Mohammad e Naimeh, 2010)**.

Bachir e Benali (2014) avaliaram a atividade antibacteriana do óleo essencial de *E. camaldulensis* através do método de difusão em disco e da técnica de diluição em caldo contra dois isolados clínicos bacterianos. De acordo com os resultados apresentados, o extrato de eucalipto exibiu uma atividade antimicrobiana interessante contra os microrganismos testados. É evidente a partir dos resultados que as actividades antimicrobianas aumentam quando se aumenta a concentração de óleo de 25% para 100%. Durante o método de difusão em disco, os resultados indicaram que o óleo essencial de *E. camaldulensis* teve mais efeitos inibitórios nas bactérias Gram-negativas do que nas bactérias Gram-positivas. O diâmetro das zonas de inibição pelos extractos de folhas de *E. camaldulensis* foi de (1031 mm) e (10-26 mm) respetivamente para *E. coli* e *S. aureus*. *A bactéria* Gram positiva *S. aureus* foi mais resistente ao óleo essencial testado do que a bactéria Gram negativa *E. coli*.

Os extractos metanólicos das duas plantas, *Eucalyptus camaldulensis* e *Terminalia catappa*, inibiram o crescimento de *Bacillus subtilis* e *Staphylococcus aureus* (ATCC 103207) e de uma estirpe clínica, respetivamente, mas não tiveram efeitos inibidores sobre *Pseudomonas aeruginosa, Salmonella typhi* e *Escherichia coli*.

A Candida albicans foi inibida apenas pelos extractos brutos de *E. camaldulensis*. A concentração inibitória mínima (CIM) dos extractos variou entre 1,25_g/ml e 5_g/ml. Os resultados obtidos sugerem que *a T. catappa* e *a E. camaldulensis* podem ser utilizadas no tratamento de doenças causadas pelos organismos testados **(Babayi *et al.*, 2004)**.

O óleo possui um amplo espetro de atividade biológica, incluindo anti-microbiana, fungicida, inseticida/repelente de insectos, herbicida, acaricida e nematicida **(Singla *et al.*, 2014)**.

Mehani e Ladjel (2012) descobriram que o óleo essencial de *Eucalyptus camaldulensis* exibiu uma atividade elevada (11,66 mm) contra a estirpe *Antirobactère*, uma atividade moderada (9,69 mm) contra *Escherichia coli*, (10 mm) contra a estirpe *Proteus* e mostrou uma atividade fraca (6,33) contra *Pseudomonas aeruginosa*.

1.3.3Citotoxicidade

1.3.3.1 Bioensaio citotóxico geral: Ensaio de letalidade em artémia BSLT:

1.3.3.2 Organismo de teste:

Nome científico: *Artemia salina*

Nome comum: Camarão de salmoura

Classificação científica:

Reino: Animália

Filo: Arthropoda

Subfilo: Crustacea

Classe: Branchiopoda

Ordem: Anostraca

Família: Artemiidae

Género: *Artemia*

Espécies: *A. salina*

1.3.3.3 Informações sobre o ensaio de letalidade da artémia

O ensaio com artémia foi proposto por **Michael *et al.* (1956)** e posteriormente desenvolvido por **Vanhaecke *et al.* (1981); Mayer *et al.* (1982).** O ensaio é considerado uma ferramenta útil para a avaliação preliminar da toxicidade e tem sido utilizado para a deteção de toxinas fúngicas, toxicidade de extractos de plantas, metais pesados, pesticidas e testes de citotoxicidade de materiais dentários **(Harwig e Scott, 1971; McLaughlin *et al.*, 1991; Martinez *et al.*, 1999; Pelka *et al.*, 2000).**

O bioensaio de letalidade do camarão-salmão desenvolvido por **Mayer *et al.* (1982)** é amplamente utilizado como um método de pré-seleção simples, fiável e mais barato para determinar a citotoxicidade do extrato bruto de plantas e de compostos naturais puros, especialmente compostos antitumorais de origem natural **(Hullatti e Murthy, 2010).** Os compostos bioactivos são muitas vezes tóxicos para as larvas de camarão (*Artemia salina*); por conseguinte, o ensaio de letalidade em camarão salgado é utilizado para monitorizar a letalidade *in vivo* de diferentes produtos químicos para as larvas de camarão **(Harwig e Scott, 1971; Solis *et al.*, 1993).**

1.3.3.4 Caraterísticas gerais do organismo

A Artemia subdivide-se em seis espécies bissexuais geralmente reconhecidas e num grande número de populações partenogenéticas, caracterizando-se por caraterísticas comuns como a adaptabilidade a uma vasta gama de salinidade (5-250gL-) e temperatura (6-35 °C), ciclo de vida curto, elevada adaptabilidade a condições ambientais adversas, elevada fecundidade, reprodução bissexual e partenogenética, pequeno tamanho corporal e adaptabilidade a fontes de nutrientes variadas, uma vez que se alimenta por filtração não selectiva. Por conseguinte, este organismo é adequado para utilização em estudos toxicológicos **(Persoone e Wells 1987).**

A maior sensibilização para o perigo que as microcistinas representam levou ao desenvolvimento de um grande número de métodos para a sua deteção, isolamento e quantificação. O método de rastreio biológico, que envolve testes *in vitro* e bioensaios, é um desses métodos, uma vez que permite um rastreio simples e rápido das amostras com base nos efeitos tóxicos e biológicos globais. O bioensaio com invertebrados mais utilizado para a microcistina é o ensaio com artémia. Este ensaio é um rastreio de toxicidade útil para utilização em laboratórios muito básicos, uma vez que requer poucos conhecimentos especializados e é também simples e barato **(Indabawa, 2009).**

O ensaio de letalidade em artémia foi inicialmente desenvolvido como um método conveniente para a deteção de resíduos de insecticidas **(Michael *et al.*, 1956; Tarpley, 1958).** É considerado um instrumento útil para a avaliação preliminar da toxicidade **(Solis *et al.*, 1993)** e tem sido utilizado para a deteção de toxinas de cianobactérias como a microcistina, as anatoxinas, etc. **(Jaki *et al.*, 1999).** Toxinas fúngicas, toxicidade de extractos de plantas, metais pesados e testes de citotoxicidade de materiais dentários **(Carballo *et al.*, 2002).** É também um teste aceite internacionalmente para detetar o potencial antitumoral dos medicamentos **(Hazra e Chatterjee, 2008).** A citotoxicidade detectada através deste ensaio é um indicador de uma vasta gama de actividades farmacológicas, tais como anticancerígena, antiviral, inseticida, pesticida, SIDA, etc. **(De Rosa *et al.*, 1995).**

O ensaio de letalidade da artémia representa um bioensaio rápido, barato e simples para testar a bioatividade dos extractos de plantas que, na maioria dos casos, se correlaciona razoavelmente bem com a citotoxicidade e as propriedades antitumorais **(Indabawa, 2009).**

1.3.4Princípios da terapia anti-infecciosa:

O termo antibiótico refere-se estritamente a produtos naturais de um organismo que são inibitórios para outros. De acordo com esta definição, os compostos químicos como as sulfonamidas, as quinolonas, os nitrofuranos e os imidazóis devem ser designados por agentes quimioterapêuticos. No entanto, alguns antibióticos podem ser fabricados sinteticamente, enquanto outros são o produto da manipulação química de antibióticos naturais (antibióticos semi-sintéticos) **(Greenwood *et al.*, 1994).**

Bacteriostático é o que tem a propriedade de inibir a multiplicação bacteriana, que recomeça após a remoção do agente.

Bactericida é a propriedade de matar bactérias. A ação bactericida difere da bacteriostática apenas por ser irreversível, ou seja, o organismo "morto" já não se pode reproduzir, mesmo depois de ter sido retirado do contacto com o agente.

A toxicidade selectiva é um agente antimicrobiano ideal que apresenta toxicidade selectiva. Este termo implica que um medicamento é nocivo para um parasita sem ser nocivo para o hospedeiro. O índice quimioterapêutico (toxicidade selectiva) compara a dose máxima que pode ser tolerada pelo hospedeiro sem causar a morte, com a dose mínima que cura a infeção em particular. (**Wilkinson, 1978**).

$$\text{Chemotherapeutic index} = \frac{\text{Maximum tolerated dose}}{\text{Minimum curative dose}}$$

1.3.4.1 Atividade antimicrobiana *in vitro*

A atividade antimicrobiana é medida *in vitro* para determinar:

a. A potência de um agente antimicrobiano em solução. Os testes de sensibilidade são também utilizados para avaliar novos agentes antimicrobianos, testando-os contra um grande número de organismos de suscetibilidade conhecida e para comparar estes resultados com os medicamentos já disponíveis. **(Garrod *et al.*, 1981).**

b. A sua concentração nos fluidos ou tecidos corporais.

c. A sensibilidade de um determinado microrganismo a uma concentração conhecida do medicamento.

1.3.4.2 Medição da atividade antimicrobiana

A determinação destas quantidades pode ser efectuada por um de dois métodos: diluição ou difusão. Utilizando um organismo de teste padrão adequado, estes métodos podem ser empregues para estimar a potência do antibiótico na amostra ou a sensibilidade do microrganismo.

1.3.4.2.1 Métodos de diluição

O método mais comummente utilizado nas técnicas de diluição é a técnica de diluição em caldo, descrita por **Rahman *et al* (2000).** No método de diluição em ágar, o meio é inoculado com o organismo a testar e as amostras a testar são misturadas com o meio inoculado.

O material é inoculado e o crescimento do microrganismo é observado e comparado com a cultura de controlo que não contém a amostra testada. A experiência é repetida com várias diluições da amostra testada no meio de cultura e é determinada a diluição mais elevada na qual a amostra apenas impede o crescimento do microrganismo (CIM).

Os testes de diluição em meios sólidos envolvem a adição de concentrações variáveis de fármaco a volumes medidos de meio de ágar que foi derretido e arrefecido a 4550° C. As misturas resultantes são então vertidas em placas em placas de Petri ou em tubos de ensaio. Os inóculos padronizados são semeados na superfície do meio e a leitura da CIM é efectuada após um período de incubação adequado (**Garrod *et al.*, 1981**). Nestes métodos, é essencial testar estirpes de suscetibilidade conhecida com cada série de inóculos desconhecidos para ter a certeza de que não há deterioração do medicamento, imprecisões na diluição ou variação no meio. **(Gould *et al.*, 1975).**

As concentrações de ponto de rutura dos antibióticos são utilizadas para caraterizar a atividade dos antibióticos: as categorias interpretativas são susceptíveis, moderadamente susceptíveis (intermédias) e resistentes. Estas concentrações são determinadas tendo em conta a farmacocinética, as concentrações no soro e nos tecidos após doses normais e a distribuição populacional das CIM de um grupo de bactérias para um determinado medicamento.

1.3.4.2.2 Métodos de difusão

Este teste é menos dispendioso mas menos fiável do que o método de diluição; no entanto, fornece informações qualitativas sobre a suscetibilidade.

Na técnica de difusão, o organismo a testar é exposto num meio de ágar, semeado no ágar, por inundação ou espalhamento, a um gradiente de difusão do fármaco quimioterapêutico proveniente de um reservatório que pode ser um disco de papel de filtro impregnado, uma vala cortada no meio e preenchida com (ágar contendo) o fármaco, ou a vala pode ser preenchida diretamente com a solução do fármaco, ou as soluções dos fármacos podem ser colocadas em orifícios circulares cortados no meio de ágar inoculado (**Anderson, 1970; Garrod *et al.* ,1981**). O reservatório pode ser um comprimido (**Lund *et al.*, 1951**).

1.3.4.3 Factores que afectam a atividade antimicrobiana *in vitro*

O processo de difusão pode ser alterado por uma variedade de factores, incluindo

O teor de fármaco na fonte, a densidade do gel, a velocidade de difusão e a concentração iónica do meio (**Cooper e Kavanagh, 1972).**

A zona de inibição que resulta depende tanto da difusibilidade do agente no meio como do grau de suscetibilidade do organismo. A velocidade de crescimento e o tamanho dos inóculos podem influenciar significativamente o tamanho das zonas inibitórias (**Peters e Plorde, 1963; Coopera e Kavanagh, 1963).**

O pH do ambiente também afecta a atividade antimicrobiana *in vitro*. Alguns medicamentos são mais activos a um pH ácido (por exemplo, a nitrofurantoína) e outros a um pH alcalino (por exemplo, aminoglicosídeos, sulfonamidas).

Os componentes do meio influenciam significativamente os resultados dos testes, por exemplo, o polianetol sulfonato de sódio e outros detergentes aniónicos inibem os aminoglicosídeos. As proteínas do soro ligam-se às penicilinas em graus variáveis, que vão de 40% para a meticilina a 98% para a dicloxacilina (**Omer, 2000**).

A estabilidade dos medicamentos à temperatura da incubadora: Vários agentes antimicrobianos perdem a sua atividade, por exemplo, a clortetraciclina é rapidamente inactivada e a penicilina mais lentamente, ao passo que os aminoglicosídeos, o cloranfenicol e a ciprofloxacina são bastante estáveis durante longos períodos (**Omer, 2000**).

Duração da incubação: Em muitos casos, os microrganismos não são mortos, mas apenas inibidos após uma curta exposição aos agentes antimicrobianos. Quanto mais tempo durar a incubação, maior é a possibilidade de surgirem mutantes resistentes ou de os membros menos susceptíveis da população antimicrobiana começarem a multiplicar-se à medida que o medicamento se deteriora (**Jawetz *et al.*, 1995**).

1.3.5Métodos de extração dos óleos essenciais

Existem vários métodos de obtenção de óleos essenciais

1.3.5.1 A destilação é frequentemente efectuada na fonte da matéria-prima, uma vez que o equipamento necessário é geralmente barato e simples de operar; os óleos especiais, os absolutos e outros derivados requerem geralmente instalações mais avançadas, sendo também produzidos nos países consumidores a partir de materiais importados. **(Weiss, 1997) 1.3.5.2 A hidrodestilação** é provavelmente a mais comum, uma vez que é simples e barata, com pequenos produtores a operarem alambiques de água ou água/vapor; a temperatura no corpo do alambique é aumentada por queima direta, utilizando frequentemente resíduos usados como combustível. A qualidade do azeite está diretamente relacionada com a competência do operador, não só na gestão do alambique, mas também na seleção ou preparação da matéria-prima. A destilação a vapor utiliza água aquecida numa caldeira separada, que pode necessitar de um combustível com um poder calorífico superior ao dos resíduos secos do alambique; normalmente é utilizada madeira ou gasóleo, mas cada vez mais se utiliza a energia solar. **(Weiss, 1997)**.

1.3.5.3 Destilação sob vácuo na qual o óleo obtido a partir de uma carga é submetido a um vácuo que varia de intensidade consoante o material. Esta técnica permite um controlo muito preciso do destilado, uma vez que pode ser ajustada em função dos pontos de ebulição dos vários constituintes do óleo. A destilação molecular processa o material sob alto vácuo e pode ser utilizada em matérias-primas ou para reprocessar óleos brutos ou outros. Os produtos obtidos por esta técnica são considerados de qualidade e odor muito elevados. **(Weiss, 1997).**

1.3.5.4 A enfleurage é um método de extração de óleos de flores por absorção numa cera ou gordura, recuperando depois o óleo por extração com solventes.

As camadas de flores são colocadas em tabuleiros de gordura especialmente preparada (na Europa, carne de vaca ou de porco) e as camadas de flores são retiradas e renovadas até a gordura ficar saturada. Este método exige muita mão de obra, mas os produtos são de qualidade extremamente elevada e a técnica continuará a ser utilizada enquanto os fabricantes estiverem dispostos a pagar um prémio pelos seus produtos.

A extração consiste na passagem de um solvente através da matéria-prima e na separação do óleo e do solvente. Pode ser efectuada em condições atmosféricas normais, em vácuo parcial ou na presença de um gás. As instalações comerciais utilizam sistemas descontínuos, em bateria ou de fluxo contínuo, técnicas de solvente único ou múltiplo, e incluem equipamento de recuperação de solventes e de refinação de óleos. A construção e o funcionamento destas instalações são geralmente dispendiosos e estão frequentemente localizados em países desenvolvidos, utilizando material seco importado, nomeadamente oleorresinas de especiarias. Uma vez que a extração por solventes remove os constituintes voláteis e não voláteis, a composição do óleo obtido pode diferir significativamente do óleo destilado e pode conter componentes indesejáveis que necessitam de ser removidos. O solvente utilizado influencia frequentemente o óleo como resíduo ou modificador de odor, mas considera-se geralmente que os óleos extraídos por solvente reflectem o odor natural de uma planta com mais precisão do que os óleos destilados. Os solventes normalmente utilizados são o éter de petróleo, o hexano, o tolueno ou outros solventes binários. Os produtos da extração por solventes podem ser processados posteriormente, por exemplo, concretizados em absolutos. **(Weiss, 1997)**

1.3.5.5 A extração gasosa utiliza dióxido de carbono líquido que, sob pressão e temperatura regulada, é passado através do material e depois através de um separador para recuperar o petróleo e o gás. Este método é considerado superior aos solventes líquidos, uma vez que preserva componentes importantes instáveis ou sensíveis ao calor e requer menos energia. O dióxido de carbono é seguro, incombustível, inodoro, insípido, barato e facilmente disponível, propriedades ideais para um solvente de extração, enquanto a sua baixa viscosidade lhe permite penetrar no material a extrair e o seu calor latente de evaporação permite que seja facilmente removido sem resíduos. Uma caraterística importante deste processo é que, variando a temperatura e a pressão do gás, se pode obter um extrato com especificações específicas de sabor ou odor. Uma variação menos dispendiosa é a técnica do gás líquido subcrítico, cujos produtos, no entanto, podem exigir um processamento posterior.

Desde a introdução dos óleos extraídos por gás como ingredientes para aromas e fragrâncias em 1982, a gama está a aumentar constantemente. Algumas vantagens dos extractos de gás de dióxido de carbono são

(i) Não são utilizados solventes orgânicos.

(ii) A baixas temperaturas, os compostos termicamente lábeis não são danificados

(iii) Não há notas de saída, há mais notas de topo (uma vez que não há evaporação dos voláteis naturais das notas de topo) e mais notas de fundo.

(iv) Melhor solubilidade porque não são gerados hidrocarbonetos monoterpenos insolúveis em água adicionais durante o processamento.

(v) Não se formam produtos de degradação e obtém-se o verdadeiro perfil natural de odor e sabor. Os refinamentos da extração com fluido supercrítico obtêm praticamente todos os voláteis de um material e o fracionamento fornece subprodutos valiosos. **(Weiss, 1997)**.

1.3.5.6 A expressão implica a pressão para separar o óleo da sua matriz natural, mas pode também incluir o ecuelling e técnicas semelhantes. A maior parte dos óleos expressos são obtidos a partir de cascas de citrinos, classificados como prensados a quente ou a frio, predominando estes últimos. Alguns óleos de casca são produzidos como um subproduto da extração do sumo, e a operação é diferente. Os métodos utilizados para a obtenção de óleos de casca, incluindo o processo de esponja para a bergamota e o processo de ecuelling para a lima, eram de mão de obra intensiva e descritos como um trabalho incrivelmente penoso.

Os métodos modernos são quase totalmente automáticos e os processos variam consoante o sumo seja comercializável ou não. Quando assim é, os sistemas de produção são orientados de forma eficiente para a produção de sumo ou de segmentos de fruta com óleos como principal subproduto.

O óleo bruto pode necessitar de processamento adicional antes do armazenamento ou transporte, incluindo filtragem para remover impurezas sólidas, secagem para remover água e refinação para reduzir componentes indesejados ou artefactos de destilação. A composição ou as caraterísticas da maioria dos óleos essenciais são alteradas pela exposição ao ar e à luz solar e afectadas pela temperatura. Os óleos devem ser armazenados em recipientes opacos, cheios até à capacidade máxima antes de serem selados, e mantidos em edifícios escuros e frescos. Os recipientes devem ser transportados sob cobertura e, de preferência, a uma temperatura moderada. Pode haver regulamentos de transporte ou outros regulamentos de frete que regem o método de transporte, contentores e armazenamento em trânsito.

Os óleos são frequentemente reprocessados antes da incorporação final em produtos de retalho, e a crescente sofisticação destas aplicações tem exigido que a composição do óleo seja definida com uma precisão cada vez maior. Assim, existe um enorme volume de dados publicados sobre a composição dos óleos essenciais, os compostos que afectam o sabor e o odor e os métodos de processamento para satisfazer requisitos especiais. Um dos aspectos mais importantes desta investigação é a deteção de impurezas, aditivos ou adulterantes **(Weiss, 1997)**.

1.3.5.7 Os factores que afectam a composição dos óleos essenciais são

1- A zona em que são produzidos.

2- Factores ambientais, como o solo ou o clima em que as plantas são cultivadas.

3- Os métodos de colheita.

4- As técnicas de destilação. (**Ames e Mathews, 1968**).

1.3.6 Caraterísticas gerais dos organismos-padrão:

A estrutura, a forma, os caracteres culturais e as reacções bioquímicas dos organismos investigados:

1.3.6.1 ***Bacillus subtilis*** É um bacilo Gram-positivo, formador de esporos, aeróbio, saprófita, predominante no solo, na água e no ar. Utiliza fontes simples de azoto e carbono para energia e crescimento. Os esporos resistem ao calor e a certos desinfectantes químicos, são esterilizados por autoclavagem e não são patogénicos **(Cheesbrough, 2000).**

1.3.6.2 ***Staphylococcus aureus*** **:** É uma bactéria Gram positiva; aeróbia e também cresce anaerobicamente, mas menos bem. A gama de temperaturas para o crescimento é de 10-42° C com uma temperatura óptima de 35-37° C. Cresce em ágar sangue e produz colónias amarelas a creme ou ocasionalmente brancas com 1-2 mm de diâmetro; em ágar MacConkey produz colónias mais pequenas (0,1- 0,5 mm). *O Staphylococcus aureus* fermenta o manitol (dá cor amarela), é coagulase, catalase e DNase positivo. *O Staphylococcus aureus* provoca furúnculos, terçóis, pústulas, imprudência, infeção de feridas, úlceras e queimaduras, osteomielites, mastites, septicemia, meningite, pneumonia e empiema pleural. É transportado no nariz de 40% ou mais das pessoas saudáveis **(Cheesbrough, 2000).**

1.3.6.3 ***Escherichia coli*:** bastonete Gram negativo, coliforme, móvel, aeróbio e anaeróbio facultativo. *A Escherichia coli* é catalase positiva, oxidase negativa, ataca os açúcares fermentativamente; produz gás normal, fermenta a lactose com produção de ácido e gás, produz indol, dá reação positiva ao vermelho de metilo e negativa ao Vogues-Proskaour e decompõe a ureia. O organismo produz colónias incolores com 2-3 mm de diâmetro em 18 horas em ágar nutriente e grandes colónias vermelhas em ágar MacConkey e pode ser hemolítico em ágar sangue. *A E.coli* causa habitualmente infecções do trato urinário e diarreia em bebés e viajantes. Também causa meningite, septicemia e sépsis em feridas operatórias e abcessos **(Jawetz *et al.*, 2001).**

1.3.6.4 ***Klebsiella pneumoniae*** **:** Bactéria Gram-negativa, não-móvel, encapsulada, fermentadora de lactose, anaeróbia facultativa, em forma de bastonete, presente na flora normal da boca, da pele e dos intestinos **(Ryan e Ray, 2004).** Clinicamente, é o membro mais importante do género *Klebsiella* de Enterobacteriaceae. São conhecidas sete espécies do género *Klebsiella*, com semelhanças demonstradas na homologia do ADN. São elas: *Klebsiella pneumoniae, Klebsiella ozaenae, Klebsiella terrigena, Klebsiella rhinoscleromatis, Klebsiella oxytoca, Klebsiella planticola* e *Klebsiella ornithinolytica.* Nos últimos anos, as Klebsiellae tornaram-se agentes patogénicos importantes nas infecções nosocomiais. Está estreitamente relacionada com a *K. oxytoca*, da qual se distingue por ser indolenegativa e pela sua capacidade de crescer tanto em melezitose como em 3-hidroxibutirato. Os membros do género *Klebsiella* expressam tipicamente 2 tipos de antigénios na sua superfície celular. O primeiro, o antigénio O, é um componente do lipopolissacárido (LPS), do qual existem 9 variedades. O segundo é o antigénio K, um polissacárido capsular com mais de 80 variedades. Ambos contribuem para a patogenicidade e constituem a base para a serogrupagem **(Podschun *et al.*, 1998).**

1.3.6.5 ***Proteus vulgaris*** **:** São bastonetes Gram-negativos polimórficos, unicelulares, móveis, aeróbios obrigatórios, crescem em meio de cianeto de potássio (KCN), formam enxames em ágar-sangue que podem ser inibidos por produtos químicos, por exemplo, álcool fenil-etílico ou meio deficiente em cistina-lisina-eletrólito (CLED) ou meios contendo sais biliares, por exemplo, MacConkey, ágar citrato de desoxicolato (CLED) ou ágar de sal biliar (CLED).por exemplo, álcool fenil etílico ou meio deficiente em electrólitos de cistina-lisina (CLED) ou meios que contenham sais biliares, por exemplo, MacConkey, ágar citrato de desoxicolato (DCA), meio XLD de xilose-lisina-desoxicolato. Não fermenta a lactose e é urease positivo. Pode causar infecções do trato urinário, infecções abdominais e de feridas, septicemia e, ocasionalmente, meningite e infecções torácicas **(Jawetz *et al.*, 1995).**

1.3.6.6 ***Pseudomonas aeruginosa*** **:** É um bastonete Gram-negativo móvel, aeróbio obrigatório, que cresce facilmente em muitos tipos de meios a 37-42^{0} C, produzindo por vezes um odor doce ou a uva devido à produção de 2-aminoacetofenona. Forma colónias lisas e redondas com cor esverdeada fluorescente (pigmento fluorescente pioverdina). É oxidase positiva; produz ácido a partir de hidratos de carbono devido à oxidação e não à fermentação, catalase positiva, citrato positivo. Só é patogénico quando introduzido em áreas desprovidas de defesas normais. Pode causar infecções purulentas de feridas, queimaduras, ouvido externo, trato urinário e a contaminação de lesões traumáticas no olho leva a oftalmite **(Jawetz *et al.*, 1995).**

1.3.6.7 ***Aspergillus*** **:** Existem mais de 100 espécies de *Aspergillus*, mas apenas algumas foram implicadas em doenças humanas: as mais importantes são *A. fumigatus, A.niger, A.flavus, A.terreus e A.nidulons*. Todos crescem na natureza e em cultura como fungos miceliais com hifas septadas e estruturas de esporulação distintas; a hifa portadora de esporos (conidióforos) termina numa célula inchada (vesícula) rodeada por uma ou duas filas de células (esterigmas) a partir das quais são produzidas cadeias de conídios assexuados. A aspergilose afecta mais frequentemente os pulmões, mas também podem ocorrer infecções noutros locais, como os seios nasais e os tecidos superficiais. A doença é geralmente causada pelo *A.fumigatus*. A inalação de esporos *de Aspergillus* pode levar à colonização de cavidades pulmonares existentes (forma de aspergiloma) ou a uma reação de hipersensibilidade (aspergilose alérgica). Raramente, *o Aspergillus* pode causar doença invasiva do pulmão e pode disseminar-se para outros órgãos; esta forma é observada em doentes gravemente imunodeprimidos (**Jawetz *et al.*, 1995**).

1.3.6.8 *Candida albicans* : Levedura em brotamento que produz pseudo-hifas tanto em cultura como em tecidos, apresenta-se como Gram-positiva. Em ágar Sabouraud à temperatura ambiente, a incubação dá origem a colónias de cor creme com um odor a levedura. A subcultura do organismo em 0,5 ml de soro humano incubado a 37^0 C durante 1,52 mostrou os formatos de tubo germinativo por algumas das células de levedura, ou seja, teste de tubo germinativo (T.T.G.) positivo. Fermenta a glucose e a maltose, produzindo ácido e gás e não ataca a lactose. É um fungo oportunista, faz parte da flora normal das membranas mucosas do trato respiratório, gastrointestinal e genital feminino. Nestes locais pode ganhar preponderância e estar associado a condições patológicas (**Jawetz *et al.*, 1995**).

CAPÍTULO 2

MATERIAIS E MÉTODOS

2.1 MATERIAIS:

2.1.1 Produtos químicos e reagentes:

Foram utilizados os seguintes produtos químicos de qualidade analítica:

Cristal violeta	British Drug House, Inglaterra.
Fosfato de glucose água peptonada	British Drug House, Inglaterra.
Peróxido de hidrogénio	British Drug House, Inglaterra.
Óleo de imersão	British Drug House, Inglaterra.
Iodo	Hopkins e William England.
Lactose	Hopkins e William England.
Papel de acetato de chumbo	British Drug House, Inglaterra.
Metanol	Loba Chemie PVT Ltd.
Vermelho de metilo	British Drug House, Inglaterra.
Para-dimetil-aminobenzaldeído	Oxoid Ltd Inglaterra.
Vermelho de fenol	British Drug House, Inglaterra.
Safranina vermelha	British Drug House, Inglaterra.
Cloreto de sódio	British Drug House, Inglaterra.
Sacarose	Oxoid limited, Inglaterra.
Ácido sulfúrico	British Drug House, Inglaterra.
Tetra-metil-p-fenileno diaminaDihidrocloreto.	British Drug House, Inglaterra.
Pó de ureia	Abott Ltd.

2.1.2 Agentes quimioterapêuticos:

2.1.2.1 Medicamentos antibacterianos:

Ampicilina em pó	Laboratórios Amipharma Ltd. Sudão.
Gentamicina	Roussel, Inglaterra.

2.1.2.2 Medicamentos antifúngicos:

Clotrimazol	General Medicine Co. Sudão.
Nistatina	Sigma Chemical Company EUA

2.1.3 Meios de cultura:

Base de ágar-sangue	Oxoid limited, Inglaterra
Ágar citrato de Koser	Oxoid limited, Inglaterra
Lactose	Oxoid limited, Inglaterra
Ágar de MacConkey	Oxoid limited, Inglaterra
Ágar-sal de manitol	Oxoid limited, Inglaterra
Caldo de nutrientes	Oxoid limited, Inglaterra
Ágar nutriente	Oxoid limited, Inglaterra
Gelatina nutritiva	Oxoid limited, Inglaterra
Peptona	Oxoid limited, Inglaterra
Ágar ureia	Oxoid limited, Inglaterra

2.1.4 Microrganismos bacterianos:

Bacillus subtilis	NCTC 8236 (bactérias Gram + ve)
Staphylococcus aureus	ATCC 25923 (bactérias Gram +ve)
Escherichia coli	ATCC 25922 (bactérias Gram -ve)
Klebsiella pneumoniae	ATCC 53657 (bactérias Gram -ve)
Proteus vulgaris	ATCC 6380 (bactérias Gram -ve)
Pseudomonas aeruginosa	ATCC 27853 (bactérias Gram -ve)

2.1.5 Microrganismos fúngicos:

Aspergillus niger	ATCC 9763 (Fungos filamentosos)
Candida albicans	ATCC 7596 (Fungos de levedura)

Coleção Nacional de Culturas-Tipo (NCTC), Colindale, Inglaterra.

American Type Culture Collection (ATCC) Rockville, Maryland, EUA.

2.1.6 Equipamentos e instrumentos:

Autoclave	Griffin and George Ltd, Inglaterra
Tipo de balança H 6T	Mettler, Inglaterra.
Contadores de colónias	Gallenkamp, Inglaterra.
Artigos de vidroGriffin	And George Ltd.
Cromatografia gasosa/espetrofotómetro de massa	Shimadzu Company, Japão
Centrifugadora Hettichi	Tuv Bayern. Alemanha.
Forno de ar quente	Gallenkamp, Inglaterra.
Contagem humana mais	Human GMBH Alemanha.
Incubadoras	Baird e TatlockL td, Inglaterra
Microscópio	Will Wetzlar, Alemanha.
Evaporador rotativo	Stuant, Alemanha.
Banho de água	Grant Instruments Ltd.

2.2. MÉTODOS:

2.2.1Materiais vegetais:

A Xylopia aethiopica (frutos) foi comprada em Alyhya Mole (Cartum, Jabraa) e *o Eucalyptus camaldulensis* (folhas) foi colhido no jardim do Instituto de Investigação de Plantas Medicinais e Aromáticas e de Medicina Tradicional em outubro de 2013. Foram identificadas e autenticadas pelo taxonomista Dr. Haidar AbdelGader (Instituto de Investigação de Plantas Medicinais e Aromáticas e Medicina Tradicional, Cartum, Sudão). Os espécimes foram depositados no Herbário do instituto.

2.2.2Preparação de óleos essenciais:

2.2.2.1 Método de extração:

O óleo de cada uma das plantas testadas *Xylopia aethiopica* e *Eucalyptus camaldulensis* foi obtido pela técnica de hidrodestilação utilizando o aparelho de Clevenger. Cem gramas de cada um dos materiais vegetais testados foram colocados num balão de fundo redondo de dois litros e foi adicionada água destilada e o óleo volátil foi destilado. O óleo volátil bruto de cada planta foi transferido por meio de uma pipeta para um frasco de vidro castanho separado. Adicionou-se sulfato de sódio anidro, agitou-se suavemente para absorver a água e o óleo transparente foi decantado para um frasco de vidro castanho e mantido no frigorífico até ser necessário para análise.

2.2.3Preparação dos organismos de ensaio:

2.2.3.1 Preparação de suspensões bacterianas padrão:

Alíquotas de um ml de uma cultura em caldo de 24 horas dos organismos testados foram distribuídas assepticamente em placas de ágar nutriente e incubadas a 37° C durante 24 horas. O crescimento bacteriano foi colhido e lavado com solução salina normal estéril, para produzir uma suspensão contendo cerca de 10^8 - 10^9 C.F.U/ml. A suspensão foi armazenada no frigorífico a 4° C até ser utilizada. O número médio de organismos viáveis por ml da suspensão de reserva foi determinado por meio da técnica de contagem de superfície viável (**Miles e Misra, 1938**). Foram efectuadas diluições em série da suspensão-mãe em solução salina normal estéril e foram transferidos volumes de 0,02 ml da diluição adequada com uma micro pipeta para a superfície de placas de ágar nutriente secas. As placas foram deixadas em repouso durante duas horas à temperatura ambiente para as gotas secarem e depois incubadas a 37 °C durante 24 horas. Após a incubação, foi contado o número de colónias desenvolvidas em cada gota. O número médio de colónias por gota (0,02 ml) foi multiplicado por 50 e pelo fator de diluição para obter a contagem viável da suspensão de reserva, expressa como o número de unidades formadoras de colónias por ml de suspensão. De cada vez, foi preparada uma nova suspensão de reserva. Todas as condições experimentais acima referidas foram mantidas constantes, de modo a obter suspensões com contagens viáveis muito próximas.

2.2.3.2 Preparação de suspensões fúngicas:

As culturas fúngicas foram mantidas em ágar Sabouraud dextrose e incubadas a 25°C durante 4 dias. O crescimento fúngico foi colhido e lavado com solução salina normal estéril e, finalmente, suspenso em 100 ml de solução salina normal estéril, tendo a suspensão sido armazenada no frigorífico até ser utilizada.

2.2.4Testes *in vitro* de extractos para atividade antimicrobiana:

2.2.4.1 Testes de atividade antibacteriana:

O método de difusão em ágar-placa **(Kavanagh, 1972)** foi adotado com algumas pequenas modificações para avaliar a ação antibacteriana dos extractos preparados. Um ml da suspensão de stock bacteriano padronizado 108-10^9 C.F.U/ ml foi cuidadosamente misturado com 100 ml de ágar nutriente estéril fundido, que foi mantido a 45 °C. Alíquotas de 20 ml do ágar nutriente inoculado foram distribuídas em placas de Petri estéreis. Deixou-se o ágar assentar e, em cada uma destas placas, cortaram-se 4 copos (10 mm de diâmetro) com uma broca de cortiça esterilizada (n.º 4) e retiraram-se os discos de ágar. Os copos alternados foram enchidos com 0,1 ml de amostra do óleo, utilizando uma pipeta automática de microlitros, e deixados a difundir-se à temperatura ambiente durante duas horas. As placas foram então incubadas na posição vertical a 37 °C durante 18 horas. Foram efectuadas duas réplicas para o óleo contra cada um dos organismos testados. Após a incubação, os diâmetros das zonas de inibição do crescimento resultantes foram medidos, calculada a média e os valores médios foram tabulados.

2.2.4.2 As concentrações inibitórias mínimas:

As concentrações inibitórias mínimas do óleo foram determinadas em meio sólido (ágar nutriente) utilizando o método adotado por **Kavanagh, (1972).** As gamas de concentrações utilizadas foram (100, 50, 25, 12,5 mg/ml).

2.2.4.3 Testes de atividade antifúngica:

Foi adotado o mesmo método que para as bactérias, mas em vez do ágar Nutirent, foi utilizado o ágar Sabouraud dextrose. O meio inoculado foi incubado a 25°C durante dois dias para a *Candida albicans* e três dias para o *Aspergillus niger*.

2.2.4.4 Identificação dos isolados clínicos:

50 isolados clínicos de *Staphylococcus aureus, Escherichia coli*, *Klebsiella pnumoniae Proteus vulgaris* e *Pseudomonas aeruginosa* foram recolhidos aleatoriamente durante o ano de 2014 do laboratório do Hospital Universitário de Cartum e do Hospital Soba. Foram purificadas por sementeira em meios selectivos e diferenciais adequados e foram identificadas com base nos resultados da reação de coloração (coloração de Gram), exame microscópico, caraterísticas culturais e testes bioquímicos. (**Cruickshank** ***et al.*****, 1975**).

2.2.4.5 Os meios utilizados para a identificação de isolados clínicos:

2.2.4.5.1 Ágar-sal de manitol: Utilizado como meio seletivo para o isolamento de *Staphylococcus aureus* que fermentam o manitol, dando origem a colónias de cor amarela. **2.2.4.5.2 Ágar de MacConkey:** Utilizado como meio diferencial para o isolamento de coliformes com base na fermentação da lactose, utilizando o vermelho neutro como indicador, que se torna vermelho-rosado em pH ácido e amarelo em pH alcalino.

2.2.4.5.3 Ágar azul de eosina e metileno: Utilizado como meio seletivo para o isolamento de coliformes, por exemplo, *E. coli*, que produz uma colónia de brilho metálico verde.

2.2.4.5.4 Ágar cetrimida:

Utilizado para o isolamento de *Pseudomonas aeruginosa*.

2.2.4.5.5 Ágar citrato de desoxicolato:

Utilizado como meio seletivo para o isolamento de espécies de *Proteus*. (**Cruickshank** ***et al.*****,1975).**

2.2.4.5.6 Ágar Sabouraud dextrose:

Utilizado para o isolamento de *Aspergillus niger* e *Candida albicans* **(Cheesbrough, 1984)**.

2.2.4.6 Exame microscópico de isolados bacterianos aeróbios:

Todos os isolados foram submetidos a um exame microscópico para estudar as suas propriedades de coloração (utilizando a técnica de coloração de Gram), as formas e a disposição das suas células. Em princípio, a película bacteriana é fixada e corada com um corante de trifenilmetano, como o violeta de cristal, juntamente com uma solução de iodo e, subsequentemente, tratada com um solvente orgânico, como o álcool. As bactérias que retêm o corante são designadas Gram positivas e as outras variedades de bactérias que perdem o corante são designadas Gram negativas. Os organismos descolorizados tornam-se visíveis através da aplicação de uma contra-coloração de cor adequada, por exemplo, vermelho de safranina. As formas e disposições das células também foram consideradas.

2.2.5 Testes bioquímicos:

As actividades bioquímicas dos isolados purificados foram depois estudadas para identificação e confirmação destes organismos. Os testes bioquímicos efectuados incluem:

2.2.5.5 Testes de fermentação:

Diferentes bactérias são capazes de fermentar hidratos de carbono (por exemplo, glucose, lactose e sacarose). Foi utilizada água peptonada estéril, com 1 % de açúcar, vermelho de fenol como indicador e tubo de Durham para a produção de gás. Após 24 horas de incubação, a cor do meio inoculado mudou de cor-de-rosa para amarelo, indicando fermentação e produção de ácido. A produção de gás foi detectada pela presença de bolhas de ar no tubo (**Salle, 1961**).

2.2.5.6 Ensaios com vermelho de metilo:

É utilizado para detetar a capacidade de algumas bactérias produzirem quantidades significativas de substâncias ácidas devido à fermentação da glucose utilizando o meio vermelho de metilo - Voges-Proskauer, a cor muda de amarelo (pH 6,2) para vermelho (pH 4,2) com a produção de ácido (**Cruickshank *et al.*, 1975**).

2.2.5.7 Teste Voges-Proskauer:

Baseia-se na produção de acetilmetilcarbinol como produto do metabolismo da dextrose por certas bactérias. Esta substância é facilmente oxidada pelo oxigénio atmosférico, em meio alcalino, dando diacetilo que, por sua vez, reage com o aminoácido arginina no meio para dar uma cor rosa quando se adiciona alfa naftol (**Cruickshank *et al.*, 1975**).

2.2.5.8 Ensaios de hidrólise do amido:

Baseia-se na capacidade de certos organismos elaborarem amilases capazes de atacar o amido. Após a adição de iodo diluído, a ausência de uma cor azul a alguma distância do crescimento bacteriano indica a hidrólise extracelular do amido **(Salle, 1961**).

2.2.5.9 Teste de utilização de citrato:

Baseia-se na capacidade de alguns organismos utilizarem o citrato como única fonte de carbono e energia para o crescimento e um sal de amónio como única fonte de azoto. Inoculação do meio de citrato de Koser com uma cultura de 24 horas do organismo testado e incubação a 37° C durante 2-3 dias, examinando depois o crescimento, que altera a cor do indicador azul de bromotimol incorporado de verde para azul, devido à utilização de citrato e à produção de álcali (**Cruickshank *et al.*, 1975**)

2.2.5.10 Ensaio de produção de indole:

Baseia-se na capacidade de certas bactérias oxidarem a cadeia lateral do aminoácido triptofano com a produção de indol. Por inoculação de água peptonada com o organismo de teste e incubação durante 2 dias a 37^0 C e adição do reagente de Kovac, uma cor vermelha indica a presença de indol (**Cruickshank *et al.*, 1975**) **2.2.5.7 Teste de produção de sulfureto de hidrogénio:**

Baseia-se na capacidade de algumas bactérias produzirem H_2 S a partir de aminoácidos contendo enxofre por redução. O H2S pode ser testado através da suspensão de uma tira de papel de filtro impregnada com acetato de chumbo por cima da cultura. O H_2 S é demonstrado pela sua capacidade de formar sulfureto ferroso negro insolúvel após incubação da água peptonada inoculada a 37°C durante 2-3 dias

(**Cruickshank *et al.*, 1975**).

2.2.5.8 Teste da catalase:

Baseia-se na presença da enzima catalase nas células de certas bactérias. A enzima catalase catalisa a libertação de oxigénio dos peróxidos de hidrogénio. Foram adicionadas gotas de uma solução de peróxido de hidrogénio sobre uma vertente de ágar nutriente inoculada (com o organismo a testar), a produção de bolhas de gás indica uma reação positiva da catalase **(Salle. 1961**).

2.2.5.9 Ensaio de liquefação da gelatina:

Baseia-se na capacidade de certas bactérias metabolizarem a gelatina, que perderá as suas propriedades gelificantes, utilizando meios nutritivos de gelatina. O facto de a gelatina não formar gel indica o metabolismo da gelatina **(Cruickshank *et al.*, 1975).**

2.2.5.10 Teste da coagulase:

Baseia-se na presença da enzima coagulase na célula de algumas bactérias. Num tubo de ensaio, adiciona-se 1 ml de uma diluição de 1:10 de plasma humano citratado estéril em soro fisiológico a algumas gotas de uma cultura em caldo de 24 horas. A mistura é incubada a 37 °C e examinada quanto à coagulação após 1, 3 e 6 horas. A formação de um coágulo claramente visível indica um teste de coagulase positivo. **(Harris, 1964)**.

2.2.5.11 Teste da oxidase:

Baseia-se na presença da enzima oxidase nas células de certas bactérias. A enzima oxidase catalisa o transporte de electrões entre os dadores de electrões nas bactérias e um corante redox - dicloridrato de tetra-metil, para-fenileno diamina, um reagente de oxidase recentemente preparado, quando adicionado a um meio de crescimento sólido, desenvolve rapidamente uma cor púrpura nas colónias de organismos oxidase-positivos (**Cruickshank *et al.*, 1975; Salle, 1961).**

2.2.5.12 Teste da urease:

Baseia-se na presença da enzima urease nas células de certas bactérias. A enzima urease catalisa a decomposição da ureia com a produção de amoníaco. O teste foi realizado cultivando o organismo de teste na presença de ureia e testando a produção de amoníaco através de um indicador de pH adequado, por exemplo, vermelho de fenol, a cor muda de amarelo para rosa com a produção de amoníaco, indicando um teste de urease positivo (**Salle, 1961**).

2.2.5.13 Teste desoxirribonucleico (DNase):

O Staphylococcus aureus produz a enzima desoxi ribonuclease

(DNase). O organismo testado foi cultivado num meio que continha (ADN). Após incubação nocturna, as colónias foram testadas quanto à produção de DNase, inundando a placa com uma solução ácida de HCl (1N), o ácido precipitou o ADN não hidrolisado. As colónias produtoras de DNase estavam, portanto, rodeadas por áreas claras que indicavam a hidrólise do ADN **(Cheesbrough, 1996).**

2.2.6Atividade antibacteriana e antifúngica de medicamentos de referência contra microrganismos padrão:

2.2.6.1 Atividade antibacteriana de medicamentos de referência:

No presente trabalho, foram utilizados quatro antibióticos como medicamentos de referência. Estes incluíam dois fármacos antibacterianos, **a ampicilina** e **a gentamicina**, e dois fármacos antifúngicos, **o clotrimazol** e **a nistatina.** Os fármacos antibacterianos foram testados em diferentes concentrações obtidas tomando 0,1 g de cada fármaco em pó e dissolvidos em 100 ml de água destilada estéril para dar uma concentração de 1000 µg/ml seguida de diluições em série para dar concentrações de 5, 10, 20 e 40µg/ml. Estes fármacos foram testados contra bactérias de referência, ou seja, *Bacillus subtilis, Staphylococcus aureus, Escherichia coli, Klebsiella pnumoniae, Proteus vulgaris e Pseudomonas aeruginosa.*

2.2.6.2 Atividade antifúngica de medicamentos de referência:

Os fármacos antifúngicos também foram testados em diferentes concentrações obtidas tomando 0,1 g de cada fármaco em pó e dissolvido em 100 ml de água destilada estéril para dar uma concentração de 1000 µg/ml seguido de diluições em série para dar concentrações de (12,5, 25 e 50 µg/ml) **Clotrimazol** contra fungos de referência *Aspergillus niger* e *Candida albicans* (5, 10, 20 e 40 µg/ml) **Nistatina** contra os mesmos organismos.

2.2.7Testes de toxicidade contra a artémia:

2.2.7.1 Armazenamento de ovos *de Artemia salina*:

Os ovos de *Artemia salina foram* armazenados a baixas temperaturas (4° C) e permanecerão viáveis durante muitos anos.

2.2.7.2 Camarão para incubação:

Os ovos de artémia, *Artemia salina*, foram incubados em água do mar artificial preparada dissolvendo 38 g de sal marinho num litro de água destilada. Após 24-72h de incubação à temperatura ambiente (37 °C), as larvas foram atraídas para um dos lados do recipiente com uma fonte de luz e depois recolhidas com uma pipeta. As larvas foram separadas dos ovos, aliquotando-os três vezes em pequenos copos com água do mar artificial.

2.2.7.3 Ensaio com camarão de salmoura:

A bioatividade do extrato foi monitorizada pelo teste de letalidade da artémia **(Mayer *et al.*, 1982).** O bioensaio de letalidade da artémia foi realizado para investigar a citotoxicidade dos extractos de plantas. 50 mg de ovos de *Artemia salina* (Leach) foram adicionados a uma câmara de incubação contendo água do mar artificial (75 ml). A câmara de eclosão foi mantida sob uma lâmpada inflorescente durante 48 horas para que os ovos eclodissem em larvas de camarão. 20 mg de extractos de teste das várias espécies de plantas foram dissolvidos separadamente em 2 ml de metanol, depois 500, 50 e 5µl de cada solução foram transferidos para frascos correspondentes a 1000, 100 e 10 µg/ml, respetivamente. Cada dosagem foi testada em triplicado. Em cada frasco foram adicionadas 10 larvas de *A. salina* Leach (retiradas 48 - 72h após o início da eclosão) (Figura 4). O volume final da solução em cada frasco foi ajustado para 5 ml com água do mar imediatamente após a adição dos camarões.

Foi adicionada uma gota de dimetilsulfóxido (DMSO) aos frascos de ensaio e de controlo antes de adicionar os camarões para aumentar a solubilidade dos materiais de ensaio. Os valores LD_{50} foram determinados com intervalos de confiança de 95%, analisando os dados num computador carregado com um "Programa Finney". Foi determinada a concentração a que poderia matar 50% das larvas (LD_{50}). Os valores de LD_{50} abaixo de 200ppm são geralmente considerados significativos de acordo **com Kupahan *et al.*, 1969, Ma *et al.,* 1989, Mclaughin *et al.*, 1991 e Oladimeji *et al.,* 2006.**

Figura (4): Materiais de ensaio para o ensaio com artémia

.2.2.8 Rastreio da citotoxicidade (ensaio de tetrazólio em microcultura (MTT)):

O ensaio MTT de tetrazólio em microcultura foi utilizado para avaliar a citotoxicidade dos frutos de *X. aethiopica* e das folhas de *E. camaldulensis.*

2.2.8.1 Princípio:

O ensaio colorimétrico baseia-se na capacidade das enzimas succinato desidrogenase da mitocôndria em células vivas para reduzir o substrato amarelo solúvel em água brometo de 3- (4, 5-dimetiltiazol-2-il)-2, 5-difenil tetrazólio (MTT) num produto formazan insolúvel de cor azul que é medido espectrofotometricamente. Uma vez que a redução do MTT só pode ocorrer em células metabolicamente activas, o nível de atividade é uma medida da viabilidade das células. **(Patel *et al.*, 2009).**

2.2.8.2 Preparação dos óleos de *X. aethiopica* e *E.camaldulensis*:

Utilizando uma balança sensível, foram pesados 5 mg de cada extrato dos óleos *de X. aethiopica* e

E.camaldulensis e colocados em tubos eppendorf. Foram adicionados 50 µl de DMSO ao extrato e o volume foi completado para 1 ml com água destilada, obtendo-se uma concentração de 5 mg/ml. A mistura foi agitada em vórtex e agitada com um agitador magnético para obter uma solução homogénea.

2.2.8.3 Linha celular e meio de cultura:

As células Vero (normais, rim de macaco verde africano) foram cultivadas num frasco de cultura contendo um meio completo constituído por 10% de soro fetal de bovino e 90% de meio essencial mínimo (MEM) e depois incubadas a 37° C. As células foram submetidas a subcultura duas vezes por semana.

2.2.8.4 Linha celular utilizada:

Células Vero (normais, rim de macaco verde africano).

2.2.8.5 Contagem de células:

A contagem das células foi efectuada utilizando a câmara de Neubauer melhorada. A lamela e a câmara foram limpas com detergente, enxaguadas cuidadosamente com água destilada e trocadas com etanol a 70%, sendo depois secas. Misturou-se uma alíquota da suspensão celular com igual volume de azul de tripano a 0,4% num pequeno tubo. A câmara foi carregada com a suspensão de células. Depois de as células terem assentado, a câmara foi colocada ao microscópio ótico. Utilizando uma objetiva de 40 X, contaram-se as células nos 4 quadrados de canto grandes (cada um contendo 16 quadrados pequenos). Utilizou-se a seguinte fórmula para calcular as células:

$$\text{(Cells/ml) } N = \frac{\text{Numbers of Cells Counted X Dilution Factor X } 10^4}{4}$$

2.2.8.6 Procedimento:

A cultura de células em monocamada formada nos frascos de cultura foi tripsinizada e as células foram colocadas num tubo de centrifugação e centrifugadas durante 5 minutos, separando as células do sobrenadante que saiu. Foi adicionado 1 ml de meio completo às células e toda a suspensão celular foi colocada numa bacia. Numa placa de microtítulo de 96 poços, foram preparadas diluições em série de cada extrato. 3 concentrações duplicadas para cada extrato, ou seja, 6 poços para cada um dos 8 extractos. Foram utilizados todos os alvéolos das linhas A, B e C, além dos primeiros 4 alvéolos de cada linha D, E e F. Os primeiros 2 alvéolos da linha G foram utilizados para o controlo negativo e os primeiros 2 alvéolos da linha H foram utilizados para o controlo positivo Triton X. Pipetaram-se 20 µl de meio completo em todos os poços das filas B, C e nos poços mencionados das filas E e F.

Em seguida, pipetaram-se 20 µl de cada extrato nas filas A e B e nos primeiros 4 poços das filas E e F. Pipetaram-se 20 µl da fila B e misturaram-se bem na fila C, de onde se retiraram 20 µl e se retiraram. O mesmo foi feito de E a F. Depois disso, foram adicionados 80 µl de meio completo a todos os poços utilizados. Em seguida, ajustando a conta de células para 3000 células/poço, 100 µl de suspensão de células foram adicionados completando todos os poços para o volume de 200 µl. Agora, duplicamos três concentrações 500, 250, 125 µg/ml para cada extrato. Em seguida, a placa foi coberta e incubada a 37° C por 96 horas.

No quarto dia, o sobrenadante foi retirado de cada poço sem separar as células. O stock de suspensão de MTT (5 mg/ml) preparado anteriormente em 100 ml de solução tampão fosfato (PBS) foi diluído (1:3,5) num meio de cultura. Em cada poço da placa de 96 poços, foram adicionados 50 µl de MTT diluído. A placa foi incubada durante mais 4 horas a 37° C. O MTT foi removido cuidadosamente sem descolar as células e foram adicionados 100 µl de DMSO a cada poço. A placa foi agitada à temperatura ambiente durante 10 minutos e depois lida a 540 nm utilizando um leitor de microplacas. A percentagem de inibição do crescimento foi calculada utilizando a fórmula abaixo:

% Cell inhibition = 100-{(Ac-At)/Ac} × 100

Em que, At = valor da absorvância do composto em estudo; **Ac** = valor da absorvância do controlo.

2.2.8.7 Análise estatística:

Todos os dados foram apresentados como média ± S.D. A análise estatística de todos os resultados dos ensaios foi efectuada utilizando o programa Microsoft Excel. O teste t de Student foi utilizado para determinar a diferença significativa entre o controlo e os extractos de plantas ao nível de $P < 0,05$.

2.2.9 Análise por cromatografia gasosa/espetroscopia de massa (GC/MS): A análise GC/MS foi efectuada com um instrumento japonês modelo GCMS-QP2010 (SHIMADZU) equipado com bibliotecas de referência. O caudal de hélio como gás de transporte foi de (1 ml/min). O programa de temperatura consistiu em 50 - 280 °C, a uma taxa de 8 °C /min. Os MS foram obtidos com uma tensão de ionização de 70 eV. A pesquisa na biblioteca foi efectuada utilizando a biblioteca Wiley GC/MS. As identificações individuais foram feitas por comparação dos padrões de fragmentação com os encontrados na biblioteca do espetrómetro de massa e na literatura **(Adam, 2001).**

CAPÍTULO 3

RESULTADOS e DISCUSSÃO

Esta investigação foi efectuada em duas plantas medicinais e aromáticas do Sudão, nomeadamente: Frutos secos de *X. aethiopica* (Dun) A.Rich (Annonaceae) e folhas de *Eucalyptus camaldulensis* (Myrtaceae).

3.1. Identificação de isolados clínicos

No presente trabalho, um número total de 50 isolados clínicos foi recolhido aleatoriamente do Laboratório do Hospital Universitário de Cartum e do Hospital Soba durante o ano de 2014. Os isolados clínicos foram obtidos a partir de diferentes fontes (esputo, ferida, urina, trocas auriculares). Em seguida, foram purificados por sementeira em placas contendo os meios de cultura selectivos e diferenciais adequados e, depois, identificados com base nos resultados da reação de coloração microscópica (coloração de Gram), nas caraterísticas da cultura e nos testes bioquímicos.

3.1.1Identificação de bactérias Gram positivas (*Staphylococcus aureus)*:

3.1.1.1 Caraterísticas culturais:

Em ágar nutriente, foram observadas colónias douradas. Em ágar-sal de manitol, alterou a cor do meio de vermelho para amarelo.

3.1.1.2 Exame microscópico:

Com a técnica de coloração de Gram, foram observados cocos Gram positivos dispostos em grupos semelhantes a uvas.

3.1.1.3 Reacções bioquímicas:

Todas elas eram catalase positivas, coagulase positivas e a maioria delas era DNase positiva. Todos fermentaram sacarose e manitol com produção de ácido. A maioria fermentava lactose e glucose com produção de ácido.

Todos estes factores levaram à identificação destes isolados clínicos como *Staphylococcus aureus* **(Quadro 1).**

Tabela (1): Testes bioquímicos para a identificação de isolados de *Staphylococcus aureus*:

Não.	Catalase	Coagulase	DNase	Sacarose	Lactose	Manitol	Glicose	Fonte
1	+	+	+	+	+	+	+	Escarro
2	+	+	-	+	+	+	-	Escarro
3	+	+	+	+	+	+	+	Ferida
4	+	+	+	+	-	+	+	Ferida
5	+	+	+	+	+	+	+	Ferida
6	+	+	-	+	+	+	+	Ferida
7	+	+	+	+	+	+	+	Ferida
8	+	+	+	+	-	+	+	Ferida
9	+	+	+	+	+	+	+	Ferida
10	+	+	+	+	+	+	+	Ferida
11	+	+	+	+	+	+	+	Ferida
12	+	+	+	+	+	+	+	Ferida
13	+	+	+	+	+	+	+	Ferida
14	+	+	+	+	+	+	+	Ferida
15	+	+	+	+	+	+	+	Ferida
16	+	+	+	+	+	+	+	Ferida
17	+	+	+	+	+	+	+	Ferida
18	+	+	+	+	+	+	+	Ferida
19	+	+	+	+	+	+	+	Ferida
20	+	+	+	+	+	+	+	Ferida
SD	100%	100%	90%	100%	90%	100%	95%	

(+): Teste positivo, (-): Teste negativo.

S.D. = Grau de significância

3.1.2Identificação de bactérias Gram negativas (*Escherichia coli*): 3.1.2.1 Caraterísticas culturais:

No meio de ágar MacConkey, foram observadas colónias vermelhas como resultado da fermentação da lactose.

3.1.2.1 Exame microscópico:

Com a técnica de coloração de Gram, foram observados bastonetes Gram negativos.

3.1.2.2 Reacções bioquímicas:

Todos os isolados fermentaram a lactose, o manitol e a glucose com produção de ácido e gás. Alguns deles fermentaram sacarose com produção de ácido e formação de gás. Todos os isolados foram positivos para o vermelho de metilo e negativos para o Voges Proskauer. Todos os isolados deram resultado positivo para indol. Nenhum dos isolados utilizou citrato ou apresentou oxidase positiva.

Todos os isolados não alteraram a cor amarela do K.I.A., tanto em declive como em rabo, com a ausência de produção de H_2S, mas todos os isolados produziram gás. Todos estes factores levaram à identificação destes isolados clínicos como *Escherichia coli.* **(Tabela 2).**

Tabela (2): Testes bioquímicos para a identificação de isolados de *Escherichia coli*:

Não.	Suc.	Lact.	Mann.	Gluc.	M.R	V.P	Citr.	Ind.	Oxid.	Ur.	K.I.A.				Fonte
											Declive	Rabo	H2S	Gás	
1	+	+	+	+	+	-	-	+	-	-	Y	Y	-	+	Urina
2	-	+	+	+	+	-	-	+	-	-	Y	Y	-	+	Urina
3	-	+	+	+	+	-	-	+	-	-	Y	Y	-	+	Urina
4	-	+	+	+	+	-	-	+	-	-	Y	Y	-	+	Urina
5	-	+	+	+	+	-	-	+	-	-	Y	Y	-	+	Urina
6	-	+	+	+	+	-	-	+	-	-	Y	Y	-	+	Urina
7	-	+	+	+	+	-	-	+	-	-	Y	Y	-	+	Urina
8	-	+	+	+	+	-	-	+	-	-	Y	Y	-	+	Urina
9	-	+	+	+	+	-	-	+	-	-	Y	Y	-	+	Urina
10	-	+	+	+	+	-	-	+	-	-	Y	Y	-	+	Urina
11	+	+	+	+	+	-	-	+	-	-	Y	Y	-	+	Urina
12	-	+	+	+	+	-	-	+	-	-	Y	Y	-	+	Urina
13	-	+	+	+	+	-	-	+	-	-	Y	Y	-	+	Urina
14	-	+	+	+	+	-	-	+	-	-	Y	Y	-	+	Urina
15	+	+	+	+	+	-	-	+	-	-	Y	Y	-	+	Urina
16	+	+	+	+	+	-	-	+	-	-	Y	Y	-	+	Urina
17	-	+	+	+	+	-	-	+	-	-	Y	Y	-	+	Urina
18	-	+	+	+	+	-	-	+	-	-	Y	Y	-	+	Urina
19	-	+	+	+	+	-	-	+	-	-	Y	Y	-	+	Urina
20	+	+	+	+	+	-	-	+	-	-	Y	Y	-	+	Urina
SD	75%	100%	100%	100%	100%	100%	100%	100%	100%	100%	100%	100%	100%	100%	

Suc.= sacarose, Lact.= lactose, Mann.= manitol, Gluc.= glicose, M.R.= vermelho de metilo, V.P.= Voges proskauer, Citr.= citrato, Ind.= indole, Oxid.= oxidase, Ur.= urease, Y= amarelo; (+): Teste positivo, (-): Teste negativo, S.D. = Grau de significância.

S.D. = Grau de significância

3.1.3Identificação de bactérias Gram negativas (*Klebsiella pneumoniae)*

3.1.3.1 Caraterísticas culturais:

No meio de ágar-sangue, foram produzidas grandes colónias branco-acinzentadas e mucoides. No meio de ágar MacConkey' s, foram observadas colónias mucoides de cor rosa como sinal de fermentação da lactose.

3.1.3.2 Exame microscópico:

Com a técnica de coloração de Gram, foram observados bastonetes Gram negativos.

3.1.3.3 Reacções bioquímicas:

Todos os isolados fermentaram sacarose, lactose, manitol e glucose com produção de gás. Todos os isolados foram negativos para o vermelho de metilo e positivos para Voges Proskauer. Todos eles utilizaram citrato e indol negativos. Hidrolisam a ureia, mas fazem-no muito menos rapidamente do que as espécies de *Protues*. Todos os isolados não eram produtores de H_2 S. Todos eram negativos para a oxidase. Todos estes factores levaram à identificação destes isolados clínicos como *Klebsiella pneumoniae* **(Quadro 3).**

Tabela. (3): Testes bioquímicos para a identificação de isolados de *Klebsiella pneumoniae*:

Não.	Suc.	Lact.	Mann.	Gluc.	M.R	V.P	Citr.	Ind.	Oxid.	Ur.	K.I.A.				Fonte
											Declive	Rabo	H2S	Gás	
1	+	+	+	+	-	+	+	-	-	+	Y	Y	-	+	Ferida.
2	+	+	+	+	-	+	+	-	-	+	Y	Y	-	+	Trocas de orelhas
3	+	+	+	+	-	+	+	-	-	+	Y	Y	-	+	Trocas de orelhas
4	+	+	+	+	-	+	+	-	-	+	Y	Y	-	+	Trocas de orelhas
5	+	+	+	+	-	+	+	-	-	+	Y	Y	-	+	Trocas de orelhas
6	+	+	+	+	-	+	+	-	-	+	Y	Y	-	+	Trocas de orelhas
7	+	+	+	+	-	+	+	-	-	+	Y	Y	-	+	Trocas de orelhas
8	+	+	+	+	-	+	+	-	-	+	Y	Y	-	+	Trocas de orelhas
9	+	+	+	+	-	+	+	-	-	+	Y	Y	-	+	Trocas de orelhas
10	+	+	+	+	-	+	+	-	-	+	Y	Y	-	+	Urina
	% 100	% 100	% 100	% 100	% 100	% 100	% 100	100 %	% 100	100 %	% 100	% 100	% 100	% 100	

3.1.4Identificação de bactérias Gram negativas (*Proteus vulgaris)*: 3.1.4.1 Caraterísticas culturais:

No ágar nutriente, o cheiro a peixe e o aspeto de enxameação eram evidentes. No meio de ágar MacConkey, foram observadas colónias de cor pálida como sinal de fermentação sem lactose.

3.1.4.1 Exame microscópico:

Com a técnica de coloração de Gram, foram observados bastonetes Gram negativos.

3.1.4.2 Reacções bioquímicas:

Todos os isolados não eram fermentadores de lactose. A maioria não fermentava a sacarose com produção de ácido e alguns formavam gás. A maioria fermentava glucose e era positiva para vermelho de metilo e todos eram negativos para Voges Proskauer. A maioria utilizou citrato, produziu urease e foi negativa para indol. Todos os isolados alteraram a cor do declive do K.I.A. de amarelo para vermelho e o manitol a cor amarela do rabo. A maioria era produtora de H_2 S e não produtora de gás. Todos estes factores levaram à identificação destes isolados clínicos como *Proteus vulgaris*. **(Quadro 4).**

Tabela (4): Testes bioquímicos para a identificação de isolados de *Proteus vulgaris*:

Não.	Suc.	Lact.	Mann.	Gluc.	M.R	V.P	Citr.	Ind.	Oxid.	Ur.	K.I.A.				Fonte
											Declive	Rabo	H2S	Gás	
1	+	-	-	+	+	-	+	-	-	+	R	Y	+	-	Trocas de orelhas
2	+	-	-	+	+	-	+	-	-	+	R	Y	+	-	Trocas de orelhas
3	-	-	-	+	+	-	-	-	-	+	R	Y	+	-	Trocas de orelhas
4	-	-	-	+	-	-	+	-	-	-	R	Y	+	-	Trocas de orelhas
5	+	-	-	+	+	-	-	-	-	+	R	Y	+	+	Trocas de orelhas
6	-	-	-	+	+	-	+	-	-	+	R	Y	+	-	Trocas de orelhas
7	-	-	-	+	-	-	+	-	-	-	R	Y	+	-	Urina
8	+	-	-	+	+	-	-	-	-	+	R	Y	+	+	Urina
9	-	-	-	+	+	-	+	-	-	+	R	Y	+	-	Urina
10	-	-	-	+	+	-	+	-	-	+	R	Y	+	-	Urina
11	+	-	-	+	-	-	+	-	-	-	R	Y	+	-	Urina
12	-	-	-	+	+	-	+	-	-	+	R	Y	+	-	Urina
13	-	-	-	+	+	-	+	-	-	+	R	Y	+	-	Urina
14	-	-	-	+	+	-	-	-	-	+	R	Y	+	+	Urina
15	+	-	-	+	+	-	+	-	-	+	R	Y	+	-	Urina
16	-	-	-	-	-	-	-	+	-	-	R	Y	-	-	Ferida
17	+	-	+	+	+	-	+	-	-	+	R	Y	+	-	Ferida
18	-	-	-	-	-	-	+	+	-	+	R	Y	-	+	Ferida
19	+	-	+	+	+	-	+	-	-	+	R	Y	+	-	Ferida
20	-	-	-	-	-	-	+	+	-	+	R	Y	-	+	Ferida
SD	64%	100%	90 %	85%	70%	100%	75%	85%	100%	80%	100%	100%	85%	75%	

3.1.5Identificação de bactérias Gram negativas (*Pseudomonas aeruginosa)*:

3.1.5.1 Caraterísticas culturais:

Em ágar nutriente, a maioria dos isolados produziu pigmentos verdes azuis que se difundiram no meio circundante.

3.1.5.2 Exame microscópico:

Com a técnica de coloração de Gram, foram observados bastonetes Gram negativos.

3.1.5.3 Reacções bioquímicas:

Todos os isolados não eram fermentadores de lactose e a maioria fermentava glucose e não fermentava sacarose. A maioria era negativa para o vermelho de metilo e todos eram negativos para Voges Proskauer. A maioria utilizou citrato, produziu urease e foi negativa para indol. Todos os isolados alteraram a cor do declive do K.I.A. de amarelo para vermelho e o manitol a cor amarela do rabo. A maioria era produtora de H_2 S e não produtora de gás. Todos estes factores levaram à identificação destes isolados clínicos como *Pseudomonas aeruginosa.* **(Quadro 5).**

Tabela. (5): Testes bioquímicos para a identificação de isolados de *Pseudomonas aeruginosa*:

Não.	Suc.	Lact.	Mann.	Gluc.	M.R	V.P.	Citr.	Ind.	Oxid.	Ur.	K.I.A.				Fonte
											Declive	Rabo	H2S	Gás	
1	-	-	-	+	-	-	+	-	+	+	R	R	-	-	Trocas de orelhas
2	-	-	-	+	-	-	+	-	+	+	R	R	-	-	Trocas de orelhas
3	-	-	-	+	-	-	-	-	-	+	R	R	-	-	Trocas de orelhas
4	-	-	-	+	-	-	+	-	+	-	R	R	-	-	Trocas de orelhas
5	-	-	-	+	-	-	-	-	-	+	R	R	-	-	Trocas de orelhas
6	-	-	-	+	-	-	+	-	+	+	R	R	-	-	Trocas de orelhas
7	-	-	-	-	+	-	-	-	+	-	R	R	+	-	Trocas de orelhas
8	-	-	-	-	-	-	+	-	-	-	R	R	-	-	Trocas de orelhas
9	-	-	-	-	-	-	+	-	+	-	R	R	-	-	Trocas de orelhas
10	-	-	-	-	-	-	+	+	+	+	R	R	+	+	Trocas de orelhas
11	-	-	-	+	-	-	+	-	+	-	R	R	-	-	Urina
12	-	-	-	+	-	-	-	-	-	+	R	R	-	-	Urina
13	-	-	-	+	-	-	+	-	+	+	R	R	-	-	Urina

Suc.= sacarose, Lact.= lactose, Mann.= manitol, Gluc.= glicose, M.R.= vermelho de metilo, V.P.= Voges proskauer, Citr.= citrato, Ind.= indole, Oxid.= oxidase, Ur.= urease, Y= amarelo; (+): Teste positivo, (-): Teste negativo, S.D. = Grau de significância.

S.D. = Grau de significância

Tabela (6). Resultados da identificação de isolados clínicos (Isolados bacterianos n=50)

Tipo de bactéria	N.º de isolados	Percentagem %
Staphylococcus aureus	10	20 %
Escherichia coli	10	20 %
Klebsiella pnumoniae	10	20 %
Proteus vulgaris	10	20 %
Pseudomonas aeruginosa	10	20 %

Por fim, foram classificados em dois grupos de Gram positivos e Gram negativos, incluindo 10 isolados clínicos de cada uma das seguintes espécies: *Staphylococcus aureus, Escherichia coli, Klebsiella pneumoniae*, *Proteus vulgaris* e *Pseudomonas aeruginosa*.

3.2 Rastreio da atividade antimicrobiana de duas plantas medicinais

A atividade antimicrobiana do óleo essencial dos frutos de *Xylopia aethiopica* (Dunal).A.Rich e das folhas de *Eucalyptus camaldulensis* Dehn. mostrou actividades variáveis contra todos os organismos Gram positivos e Gram negativos e os dois fungos testados **(Quadro 7).**

3.2.1 Interpretação dos resultados

Todas as médias dos diâmetros das zonas de inibição do crescimento obtidas nas experiências foram apresentadas no **Quadro (7).** Os resultados foram interpretados em termos dos termos comummente utilizados "Sensível, intermédio e resistente". Com base nos resultados obtidos com agentes quimioterapêuticos padrão contra os mesmos organismos testados padrão, os extractos **da Tabela (12)** que resultam em mais de 18 mm de zona de inibição do crescimento são considerados como possuindo uma atividade antimicrobiana elevada, os que resultam (14-18 mm). são de atividade intermédia e os que resultam em zona inferior a 14 mm são inactivos **(Barry *et al.*, 1970; Cruickshank *et al.*, 1975).**

3.3 Atividade antimicrobiana das plantas estudadas

3.3.1 *Xylopia aethiopica*:

O óleo essencial dos frutos da família *X. aethiopica* (Annonaceae) foi analisado quanto à atividade antimicrobiana contra oito microrganismos padrão. Duas bactérias Gram positivas (*B. subtilis, S. aureus*), quatro bactérias Gram negativas (*E. coli, K. pneumoniae, Pr. vulgaris* e *Ps. aeruginosa*) e dois fungos, nomeadamente *A. niger* e *C. albicans*, utilizando o método de difusão em ágar cupplate. Como se pode ver no **quadro (7) e** na **figura (5),** o óleo de *X. aethiopica* dissolvido em metanol (1:10) mostrou uma atividade elevada (21 mm) contra *S. aureus* e *Ps. aeruginosa* e (19 a 21 mm) contra *A. niger* e *C. albicans*. Também mostrou uma atividade moderada (15 mm) contra *E. coli*, (16 mm) contra *B. subtilis*, *Pr. vulgaris* e (17 mm) contra *K. pneumoniae*. Por conseguinte, este resultado mostrou que o óleo testado inibiu o crescimento de todos os microrganismos, embora as sensibilidades dos microrganismos tenham variado. Este resultado foi semelhante ao relatado por **Fleischer *et al.* (2008)**, exceto que, no seu estudo, *a E. coli* não foi sensível ao óleo e *a C. albicans* apresentou a menor sensibilidade. **Husanya *et al.* (2012)** obtiveram um resultado semelhante: o extrato de metanol de *X. aethiopica* foi ativo contra *B. subtilis, S. aureus* e *Ps. aeruginosa* e, pelo contrário, não apresentou atividade contra *E. coli* e *K. pneumoniae*. Vários relatórios sobre a atividade antimicrobiana do óleo essencial de *X. aethiopica* foram feitos na literatura. **(Konning *et al.*, 2004; Tatsadjieu *et al.*, 2003; Asekun e Adeniyi, 2004; Okigbo *et al.*, 2005).**

Por conseguinte, *S. aureus, Ps.aeruginosa, A.niger e C.albicans* foram os organismos mais sensíveis, enquanto *B. subtilis, E. coli, K. pneumoniae* e *Pr.vulgaraus* apresentaram a sensibilidade mais baixa neste estudo. Isto valida a utilização dos frutos secos em várias doenças causadas por *S. aureus, P. aeruginosa* e dois fungos testados *A.niger e C.albicans.* A atividade antimicrobiana do óleo essencial pode dever-se à presença de monoterpenos e sesquiterpenos e seus derivados oxigenados que foram detectados por Cromatografia Gasosa e Espectroscopia de Massa. **(Tabela 15, Figura 11).**

Tabela (7). Atividade antimicrobiana do óleo essencial *de Xylopia aethiopica* e *Eucalyptus camaldulensis* contra microrganismos padrão:

Família/ Nome da planta/ Nome vernáculo	Peça utilizada	Sistema de solventes	% Yiel d	Organismos testados utilizados*/ MIZD (mm)							
				B.s	*S.a*	*E.c*	*K.p*	*Pr.V*	*Ps.a*	*A.n*	*C.a*
Annonacea e (*Xylopia aethiopica*) Habal-zelim	Furits	MeOH	6%	16	21	15	17	16	*21*	19	*21*
Myrtaceae (*Eucaloptu*	Folhas	MeOH	2%	17	22	20	17	17	18	16	20

s camaldulensis) Ban, Kafour											

Legenda: *B.s= Bacillus subtilis , S.a= Staphylococcus aureus, E.c= Escherichia coli , K.p= Klebsiella pnumoniae, Pr.v= Proteus vulgaris , Ps.a= Pseudomonas aeruginosa, , A.n= Aspergillus niger e C.a= Candida albicans.* MeOH= Metanol. **Interpretação dos resultados:** MIZD*(mm): Média do diâmetro da zona de inibição em mm.

>18mm: Alta. , 14 -18mm: Moderado, 01<14 mm: Baixo. Concentração de óleo dissolvido em metanol (1:10) a 0,1ml/copo.

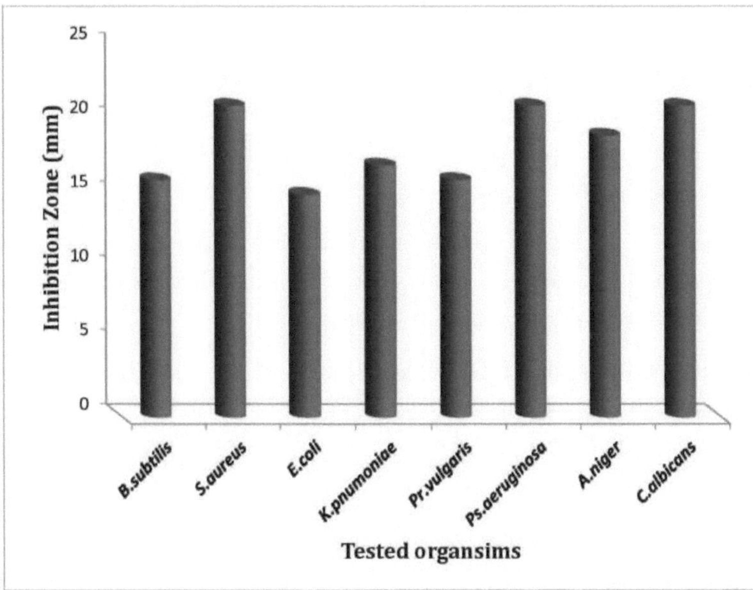

Figure (5) Atividade antimicrobiana do óleo essencial *de Xylopia aethiopica* contra microrganismos padrão

3.3.2 Atividade antimicrobiana do óleo essencial das folhas de *Eucalyptus camaldulensis*:

O óleo essencial das folhas de *Eucalyptus camaldulensis* (família Myrtaceae), obtido por técnica de hidrodestilação utilizando o aparelho de Clevenger, foi testado contra seis bactérias padrão: *Bacillus subtilis, Staphylococcus aureus, Escherichia coli, Klebsiella pneumoniae, Proteus vulgaris, Pseudomonas aeruginosa*, e dois fungos padrão, nomeadamente *Aspergillus niger* e *Candida albicans*, em comparação com fármacos antibacterianos e antifúngicos conhecidos, utilizando o método de difusão em placa de ágar.

De acordo com os resultados apresentados na **Tabela (7) e** na **Figura (6),** o óleo de *E. camaldulensis* dissolvido em metanol apresentou uma atividade elevada (22 mm) contra *S. aureus*, (20 mm) contra *E. coli* e *C. albicans*. Possuía uma atividade moderada (17 mm) contra *B. subtilis*, *K. pneumoniae*, *Pr. vulgaris*. (18 mm) contra *Ps. aeruginosa*, e (16 mm) contra *A. niger*. Este resultado mostrou que o óleo de *E.camaldulensis* exibiu uma atividade variável contra os organismos testados e isto foi semelhante a **Akin-osanaiye *et al.*(2007).** Ao contrário de **Babayi *et al.***

(2004) que descobriram que o extrato de metanol de *E. camaldulensis* inibiu o crescimento de *B. subtilis, S. aureus* mas não teve efeitos inibitórios em *Ps.aeruginosa*, *E.coli*, *C. albicans*. Também **Mohammad e Naimch, (2010)** descobriram que o extrato de metanol de *E.camaldulensis* inibiu o crescimento de *B.subtilis, S.aureus* mas nenhum efeito inibitório em *E. coli*. **Akin- osanaiye *et al.* (2007)** de Cyperus do Norte e **Panahi *et al.* (2011)** do Sudoeste do Irão descobriram que *E.camaldulensis* apresentou um resultado semelhante, em que o óleo era ativo contra *S.aureus*, mas não se observou qualquer inibição do crescimento de *E.coli*.

Isto significa que o óleo de *E.camaldulensis* não tem efeito sobre *E. coli*. Por conseguinte, *o E.camaldulensis* exibiu uma maior atividade contra *S.aureus*, *E.coli* e *C. albicans* do que contra *B.subtilis, K.pneumoniae*, *Pr.vulgaris*, *Ps.aeruginosa* e *A. niger*.

Por outro lado, **Bachir e Benali (2008 e 2014)** verificaram que os efeitos sobre as bactérias Gram negativas *E.coli* eram superiores aos das Gram positivas *S. aureus*.

Mehani e Ladjet (2011, 2012) obtiveram resultados semelhantes aos do nosso estudo, segundo os quais a planta *E.camaldulensis* tem uma atividade moderada contra *Ps.aeruginosa* e uma atividade elevada contra *E.coli*. Os resultados obtidos sugerem que *a E.camaldulensis* pode ser utilizada no tratamento de doenças causadas pelos organismos testados. A atividade antimicrobiana do óleo essencial pode dever-se à presença de monoterpenos e sesquiterpenos e dos seus derivados oxigenados que foram detectados por Cromatografia Gasosa e Espectroscopia de Massa. **(Tabela 16, Figura 12).**

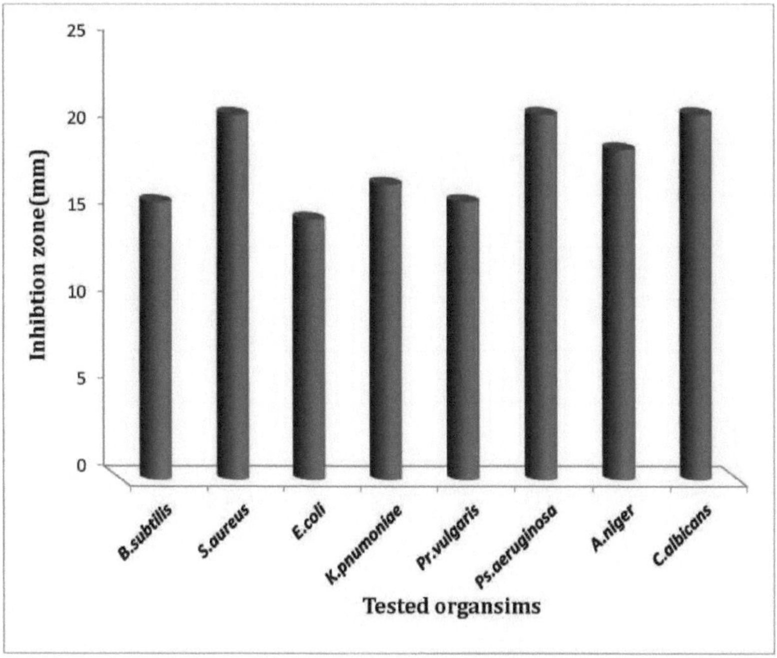

Figure (6) Atividade antimicrobiana do óleo essencial de *E. camaldulensis* contra microrganismos padrão

3.4 Determinação das Concentrações Inibitórias Mínimas (CIM)

As Concentrações Inibitórias Mínimas dos dois óleos essenciais de *X. aethiopica* e *E. camaldulensis* foram determinadas contra os organismos padrão (*Bacillus subtilis, Staphylococcus aureus, Escherichia coli , Klebsiella pnumoniae, Proteus vulgaris , Pseudomonas aeruginosa*) e os resultados estão resumidos nas **Tabelas (8 &9)** como mg/ml.

3.4.1 *X. aethiopica* (frutos) e *E. camaldulensis* (folhas) MIC

Ambos os óleos essenciais dos frutos de *X. aethiopica* **Tabela (8) e Figura (7)** e das folhas de *E. Camaldulensis* **Tabela (9) e Figura (8)** mostraram que 12,5µg/ml foi a concentração mais baixa para inibir o crescimento de todos os organismos testados. Os resultados apresentados nas **Placas (1, 2)** mostraram a zona de inibição do óleo essencial de *X.aethopica* contra *S.aureus* e *C.albicans* e **as Placas (3, 4)** mostraram a zona de inibição do óleo essencial de *E. camaldulensis* contra *S.aureus* e *E. coli.*

Table (8) Concentrações inibitórias mínimas do óleo essencial de *X. aethiopica* contra microrganismos padrão

	Bactérias						Fungos	
Concentrações (mg/ml)	*B.s*	*S.a*	*E.c*	*K.p*	*Pr,v*	*Ps.a*	*A.n*	*C.a*
100	16	21	15	17	16	21	19	21
50	15	20	14	16	15	20	16	19
25	14	19	13	15	14	18	15	17
12.5	13	14	12	14	13	16	14	15

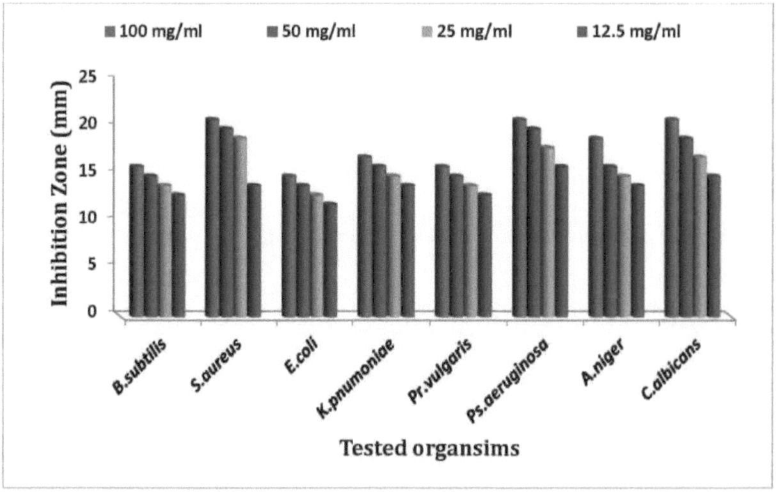

Figure (7) Concentrações inibitórias mínimas do óleo essencial *de X. aethiopica* contra microrganismos padrão.

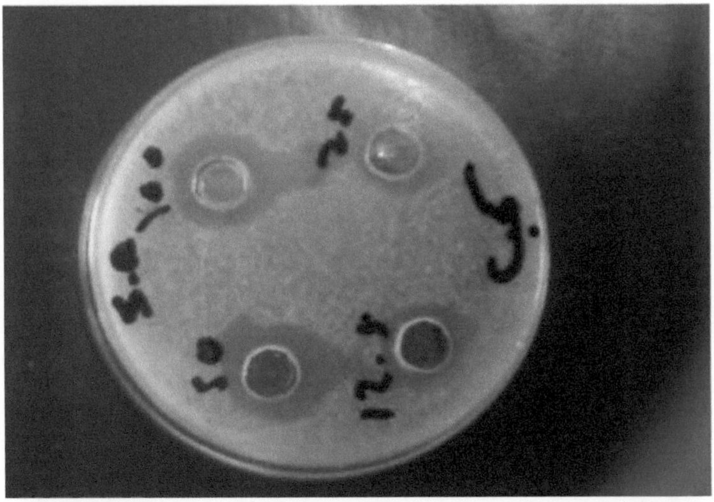

Placa (1). Concentrações inibitórias mínimas do óleo essencial *de X. aethiopica* contra *S.aureus.*

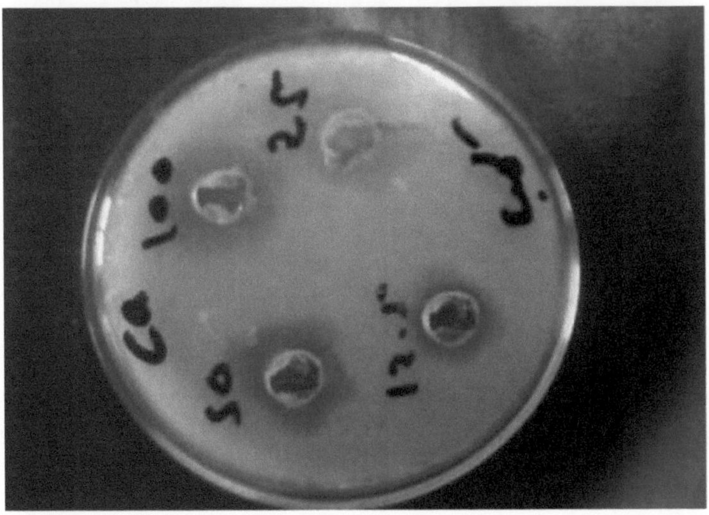

Placa (2). Concentrações inibitórias mínimas do óleo essencial *de X. aethiopica* contra *C.albicans.*

Table (9) **Concentrações inibitórias mínimas do óleo essencial de *E. Camaldulensis* contra microrganismos padrão**

	Bactérias						Fungos	
Concentração (mg/ml)	*B.s*	*S. a*	*E. c*	*K.pn*	*Pr .v*	*Salmo a*	*A. n*	*C. a*
100	17	22	20	17	17	18	16	20
50	16	19	19	16	16	17	15	18
25	15	18	18	15	15	16	14	17
12.5	14	17	17	14	14	15	13	15

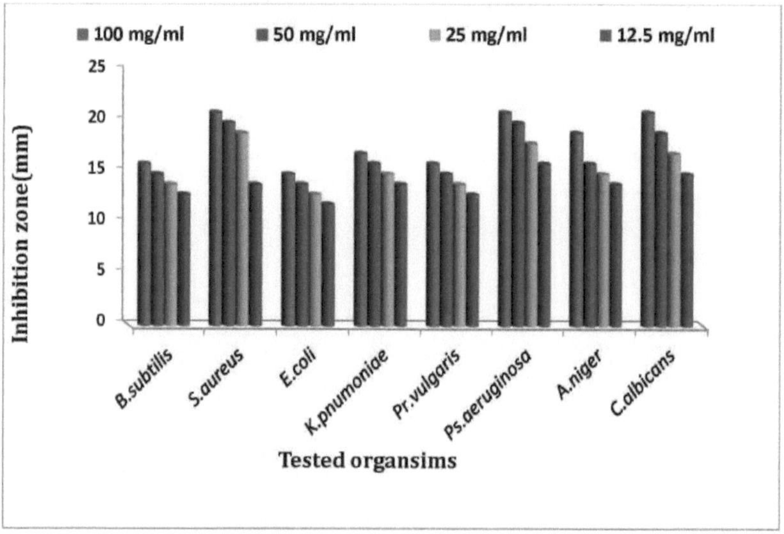

Figure (8) **Concentrações inibitórias mínimas do óleo essencial de *E. Camaldulensis* contra microrganismos padrão**

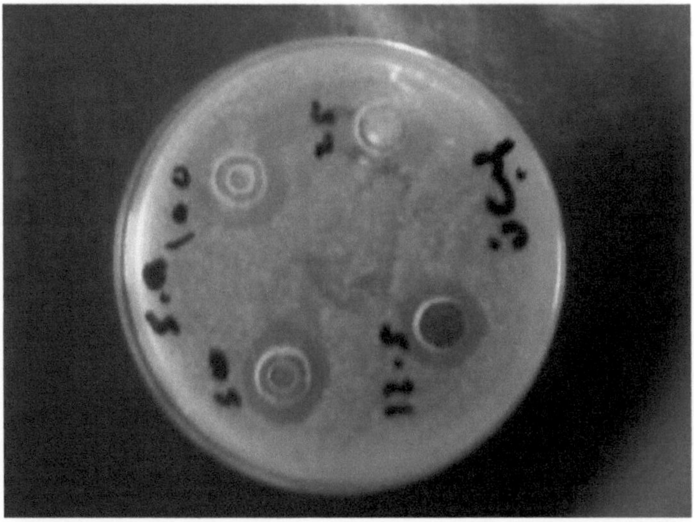

Placa (3). Concentrações inibitórias mínimas do óleo essencial *de E. camaldulensis* contra *S.aureus*

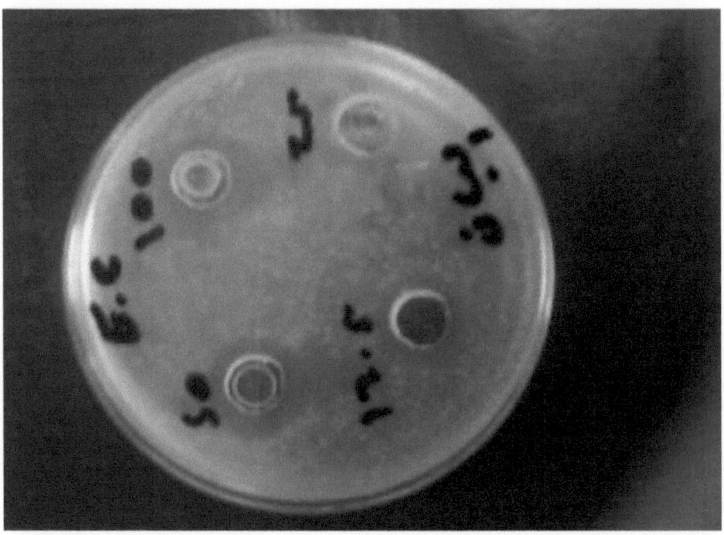

Placa (4). Concentrações inibitórias mínimas do óleo essencial *de E. camaldulensis* contra *E.coli.*

3.5 Isolados clínicos

3.5.1 A atividade do óleo *de X. aethiopica* dissolvido em metanol contra os isolados clínicos

Os resultados obtidos na **Tabela (10)** mostraram que o óleo de *X. aethiopica* apresentou uma atividade moderada contra todos os 10 isolados clínicos de *S. aureus,* também apresentou uma atividade elevada contra 6 isolados clínicos de *E. coli* e uma atividade moderada contra 4 isolados de *E. coli.* também apresentou uma atividade elevada contra 4 isolados clínicos de *K. pneumoniae* e uma atividade moderada contra 6 isolados clínicos *de K. pneumonia*. Também apresentou uma atividade elevada contra 5 isolados clínicos de *Pr. vulgaris* e uma atividade moderada contra 5 isolados clínicos de *Pr. vulgaris*. Também apresentou uma atividade moderada contra 3 isolados clínicos de *Ps. aeruginosa* e uma atividade baixa contra 7 isolados clínicos de *Ps. aeruginosa.* A partir da **Tabela (10),** foi claramente visto que o óleo de furits de *X.aethopica* mostrou atividade moderada contra *S.aureus, K.pnumoniae. Pr. vulgaris,* alta atividade contra E. coli, *Pr. vulgaris* e baixa atividade contra *Ps.aeruginosa.*

Table (10) A atividade do óleo dos frutos de *X. aethiopica* contra diferentes isolados clínicos

Isolado Microorganismos	Número de isolados	N.º de isolados clínicos		
		Sensível	Moderado	Resistente
Staphylococcus aureus	**10**	-	10	-
Escherichia coli	**10**	6	4	-
Klebsiella pneumoniae	**10**	4	6	-
Proteus vulgaris	**10**	5	5	-
Pseudomonas aeruginosa	**10**	-	3	7

3.5.2 A atividade do óleo *de E.camaldulensis* dissolvido em metanol contra os isolados clínicos

Os resultados obtidos na **Tabela (11) mostraram** que o óleo de *E.camaldulensis* apresentou uma atividade moderada contra 9 isolados clínicos de *S. aureus,* com apenas *S. aureus* resistente. Também mostrou uma atividade elevada contra 3 isolados clínicos de *E.coli* e uma atividade moderada contra 6 deles e inativa contra um isolado clínico de *E.coli.* Também mostrou uma elevada atividade contra 1 isolado clínico de *K. pneumoniae* e uma atividade moderada contra 8 isolados clínicos de *K. pneumoniae*, sendo que apenas um deles é resistente. Apresentou também uma elevada atividade contra 5 isolados clínicos de *Pr. vulgaris* e uma atividade moderada contra os mesmos. Também apresentou atividade moderada contra 4 isolados clínicos de *Ps. aeruginosa*, com 6 *Ps. aeruginosa* resistentes.

Table (11) A atividade do óleo das folhas de *E. camaldulensis* contra diferentes isolados clínicos:

Microrganismo isolado clinicamente	Número de isolados	N.º de isolados clínicos		
		Sensível	Moderado	Resistente
Staphylococcus aureus	**10**	-	9	1
Escherichia coli	**10**	3	6	1
Klebsiella pneumonia	**10**	1	8	1
Proteus vulgaris	**10**	5	5	-
Pseudomonas aeruginosa	**10**	-	4	6

3.6 Medicamentos de referência

3.6.1 Comparação da atividade de *X. aethiopica* contra organismos padrão com medicamentos de referência

A comparação das observações apresentadas nas **Tabelas (7 e 12) e nas Figuras (9 e 10)** mostrou que o óleo dos frutos de *X. aethiopica* dissolvido em metanol inibiu *B. subtilis* mais de 40 µg/ml de Ampicilina e menos de 5 µg/ml de Gentamicina. Também inibiu *S. aureus* superior a 20 µg/ml de Ampicilina. Inibiu *a E. coli* com menos de 10 µg/ml de Gentamicina e inibiu a *K. pneumoniae* com menos de 5 µg/ml de Gentamicina. O óleo inibiu *Pr. vulgaris* semelhante a 40 µg/ml de Ampicilina e *Ps. aeruginosa* semelhante a 10 µg/ml de Gentamicina. O óleo de *X. aethiopica* inibiu *A.niger* semelhante a 10 µg/ml Clotrimazole e *C. albicans* mais de 50 µg/ml Nistatina.

Tabela (12). Actividades antibacterianas e antifúngicas dos medicamentos de referência contra microrganismos padrão:

Drogas	Concentrações (µg/ml)	Microrganismos padrão utilizados MDIZ* (mm)					
Bactérias testadas utilizadas (M.D.I.Zmm)							
		B.s	***S. a***	***E.c***	***K.p***	***Pr.v***	***Ps.a***
Ampicilina	**40**	15	25	-	*35*	16	16
	20	14	20	-	*26*	-	13

	10	13	18	-	*25*	-	12
	5	12	15	-	*21*	-	-
Gentamicina	**40**	29	35	*32*	*26*	25	23
	20	22	33	*30*	24	24	22
	10	20	30	17	21	23	21
	5	17	28	-	20	22	19
Fungos testados utilizados (M.D.I.Zmm)							
		Aspergillus niger			***Candida albicans***		
Clotrimazol	**40**	*30*			42		
	20	*22*			40		
	10	19			33		
	5	16			30		
Nistatina	**50**	28			17		
	25	26			14		
	12.5	23			-		

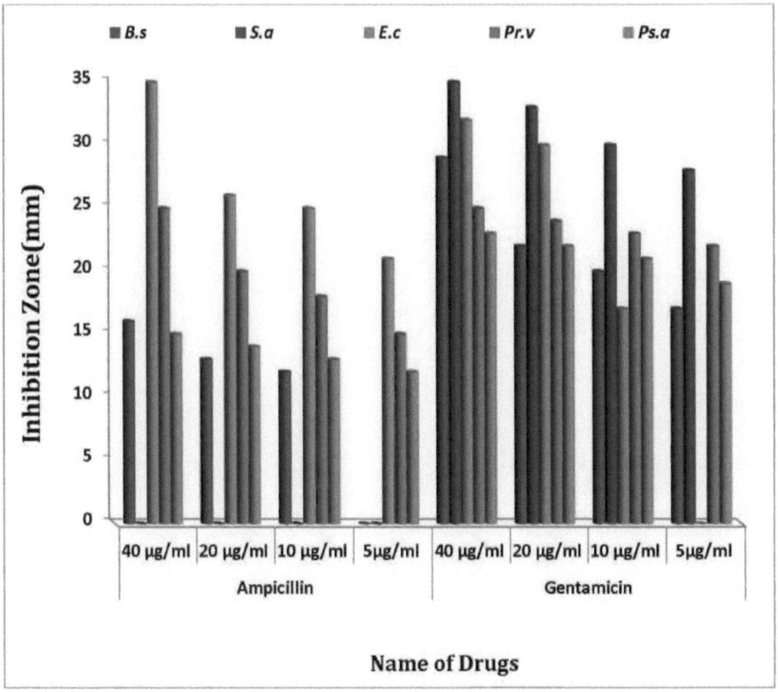

Figure (9) **Atividade antibacteriana de medicamentos de referência contra microrganismos padrão**

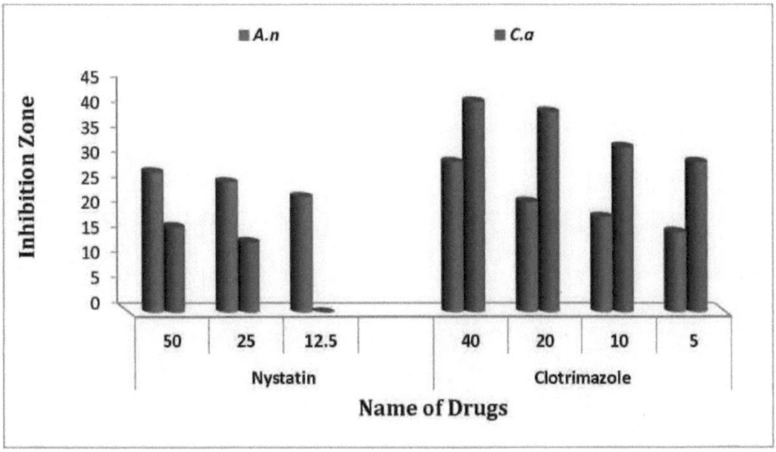

Figure (10) **Atividade antifúngica de medicamentos de referência contra microrganismos padrão.**

3.6.2 Comparação da atividade de *E. camaldulensis* contra organismos padrão com medicamentos de referência

A comparação da observação dada nas **Tabelas (7 e 12)** mostrou que o óleo das folhas de *E. camaldulensis* dissolvido em metanol inibiu *B. subtilis*, *Pr.vulgaris* e *Ps.aeruginosa* mais de 40μg/ml de Ampicilina e também inibiu *B. subtilis* e *Ps.aeruginosa* semelhante a 5μg/ml de Gentamicina. Também inibiu *Staphylococcus* mais de 20μg/ml de Ampicilina. Inibiu *a E.coli* mais de 10 μg/ml de Gentamicina e inibiu a *K.pnumoniae* menos de 5μg/ml de Ampicilina. O óleo de *E.camaldulensis* inibiu *A.niger* semelhante a 5 μg/ml de Clotrimazole e inibiu *C. albicans* mais de 50 μg/ml de Nistatina.

3.7 Citotoxicidade:

3.7.1 Ensaio de letalidade da artémia:

A citotoxicidade dos extractos metanólicos de *Xylopia aethiopica* e *Eucalyptus camandulensis* foi confirmada utilizando o bioensaio de letalidade de artémia (*Artemia saline* L) em diferentes concentrações (1000, 100, 10 μg/ml). Os resultados são apresentados na **Tabela (13).**

LD_{50} de *X. aethiopica* foi menor que < 5,68 μg/ml e isso é considerado altamente tóxico de acordo com **Bussmann *et al* (2011).** Eles afirmaram que os valores de LD_{50} abaixo de 249 μg/ml são considerados altamente tóxicos, 250- 499 μg/ml como toxicidade média e 500-1000 μg/ml como toxicidade leve. Valores acima de 1000 μg/ml são considerados não tóxicos. O LD_{50} de *E. camaldulensis* foi insignificante, pelo que os resultados podem ser calculados utilizando o programa SPSS e FIN. *A E. camaldulensis* foi considerada tóxica porque o número de artémias mortas foi superior ao número de artémias vivas

Table (13) A citotoxicidade da *Xylopia aethiopica* e do *Eucalyptus camandulensis* utilizando Ensaios de letalidade da artémia

Nome dos óleos essenciais	Número total de camarões em salmoura	Concentrações (μg/mi.) Número de camarões mortos			Concentrações (μg/mi.) Número de camarões sobreviventes			ED50	O grau de toxicidade
		1000	100	10	1000	100	10		
Xilopia aethiopica	30	24	25	24	6	5	6	<5 .68 μg/ml.	Altamente tóxico

Eucalipto camandulensis	30	22	22	22	8	8	8	-	Não significativo e

Interpretação:

Legenda: LD_{50} <249 µg/ml: Alta toxicidade; 250- 499 µg/ml: Toxicidade média; 500-1000 µg/ml Toxicidade ligeira; > 1000 µg/ml Não tóxico.

3.7.2 Ensaio MTT:

O óleo de *Xylopia aetiopica* e *E.camaldulensis* dissolvido em metanol foi testado quanto à sua citotoxicidade na linha celular Vero usando diferentes concentrações (500, 250, 125 µg/ml) pelo ensaio MTT-. O "Triton-x100" foi utilizado como controlo positivo.

O óleo de *X. aethiopica* e *E.camaldulensis* foi considerado não tóxico contra a linha celular Vero. Têm IC_{50} > 100 mg/ml comparado com o controlo "Triton-x100" que foi altamente tóxico com IC_{50} < 30 mg/ml. Os resultados do ensaio MTT verificaram a segurança dos óleos examinados **(Tabela 14).**

Table (14) Resultados do ensaio MTT de *Xylopia aethiopica* e *Eucalyptus camaldulensis*:

Não .	Nome do extrato	Concentração (µg/ml)	Inibição (%) ± DP	IC50 (µg/ml)	O grau de toxicidade
1	*Xylopia aethiopica*	500	58.39 ± 0.07	> 100	Não tóxico
		250	50.80 ± 0.11		
		125	36.84 ± 0.32		
2	*Euclyptus Camaldulensis*	500	33.84 ± 0.17	> 100	Não tóxico
		250	14.94 ± 0.10		
		125	7.87 ± 26		
	Ctrl+ve		95.96 ± 0.00	<30	Altamente tóxico

Legenda: IC_{50} <30 µg/ml: Altamente tóxico. Controlo = Triton-x100 foi utilizado como controlo positivo em

0,2 µg/ml. A concentração máxima utilizada foi de 500 µg/ml. Quando esta concentração produziu menos de 50% de inibição, o IC_{50} não pode ser calculado. IC_{50} < 30 µg/ml: Altamente tóxico.

3.8 Composição química do óleo essencial dos frutos de *Xylopia aethiopica*

O rendimento da extração do óleo essencial dos frutos de *X. aethiopica* foi de 6% (Quadro 7). A composição química de *X. aethiopica* foi analisada por GC/MS e foram identificados setenta e dois compostos representando 93,82% do óleo total e dez compostos representando apenas 1,43% não foram identificados **Tabela (15).** Os constituintes principais foram β-pineno (15,06%), 3Ciclohexeno-1-01-,4metil-1-1(13,22%), β-felandreno (8,24%),α-pineno (7,38%), Biciclo [3.1.1] hept-2-en-6-ol,2,7,7(7,66%) **Tabela (15) Figura (11)**.

O β-pineno parece ser um composto importante no óleo essencial de *X. aethiopica*, uma vez que está presente em óleos de todos os países africanos, como o Sudão (**Elkamali e Adam 2009; Itimad *et al.*, 2010**), o Benim (**Ayedoum *et al.*, 1996)**, os Camarões (**Jirovetz *et al.*, 1997**; **Tat sadjien *et al*, 2003)**, Nigéria **(Asekeun e Adeniyi 2004**; **Olonisakin *et al.*, 2007)**, Chade e Camarões (**Issakan *et al.*, 2014**), Tago (**koba e Sanda, 2008**), Mali (**Keita *et al.*, 2003**), Gana (**Karioti *et al.*, 2004**) e Camarões, (**Noudjoui *et al.*, 2007**), Costa do Marfim (**N' dni Konan, 2009)**.

Ao comparar a composição do óleo sudanês com a de algumas outras origens africanas, notou-se alguma variação. As variações podem ser atribuídas ao facto de a quantidade e a qualidade dos metabolitos secundários, como o óleo essencial, serem grandemente influenciadas por factores genéticos, condições climáticas, solo e técnicas de cultivo.

Tabela (15): Composição química do óleo essencial dos frutos de *Xylopia aethiopica*

Tempo R	Nome	Área %
3.558	alfa. -Phellandrene	2.93
3.692	alfa.-Pineno	7.38
4.108	Camphene	0.22
4.267	Benzeno, butil-	0.04
4.425	trans-Verbenol	0.09
4.608	.beta. -Phellandrene	8.24
4.675	beta. -Pineno	15.06
5.183	3-Carene	0.29
5.392	1,3 Ciclo-hexadieno, 1-metil-4(1-1)	1.81
5.600	D-Limoneno	1.09
6.850	1,3,6- Qctatrieno , 3,7-dimetil-(E)-	0.61
6.042	Biciclo[3.1.1] hept -2-en-6-ol,2,7,7-1	7.66
6.350	1,4-Ciclo-hexadieno, 1-metil-4-(1	2.96
6.867	Não identificado	0.18

7.958	- Ciclo-hexeno, 1-metil-4-(1-metil	0.80
7.958	1,6 Octadine-3-ol,3,7-dimethyl-	0.44
7.667	7-Oxabiciclo[2.2.1] heptano, 1-metilo	0.16
8.783	Benezeno,(2-metil-1-1 -propenil)-	0.08
8.067	2-Ciclo-hexeno-1-ol, 1-metil-4-(1 -m	0.54
8.250	Tujona	0.06
8.583	5-Caranol, (IS,3R,5S,6R)	0.53
8.842	trans-Pinocarveol	1.03
9.950	Não identificado	0.08
9.242	Artemiseole	0.22
9.361	3-Cyclohexen-1-01, 4-methyl-1-1(1-m	13.22
9.658	Não identificado	0.41
9.817	P-menth-1-en-8-01	3.35
10.90	-Bicyclo[3.1.1]hept-2-ene-2-carboxal	0.61
10.083	1-4-Ciclo-hexadieno-1 -metanol, 4-	0.90
10.167	Bicyclo[3.1.0]hexan-2-one, 5-(1-met	0.39
10.417	Benezenometanol, alfa.,.alfa.,4-	0.20
10.667	(IR)_(-)- Mirtenal	0.76
10.750	2-Ciclo-hexeno-1-ona, 4-(1-metileto	0.28
11.908	Ciclo-hexeno, 4-etenil-4-metil-3-	2.23
11.083	.alfa.-Cubebeno	0.64
11.242	Não identificado	0.39
11.308	Não identificado	0.05
11.433	Ledol	0.02
11.483	1,4-Metanoazuleno, deca-hidro-4,8	0.02
11.592	Ylangene	0.30
11.675	Copaene	1.07
11.783	1-Acetoxy-p-menth-3-one	0.08
11.983	1-Ciclo-hexeno-1-carboxaldeído,4	0.35
12.100	1H-Ciclopenta[1,3] ciclopropa[1,2]	0.23
12.192	Ciclo-hexano, 1 -etenil- 1-1-metil-2,	0.65
12.442	2-Caren-10-al	0.08
12.558	Não identificado	0.10
12.667	Benzenometanol,4-(1-metil-2	0.12
12.767	Naftaleno, 1,2,3,4,4a,5,6,8a-octal	0.23

12.850	Cariofileno	0.28
12.950	1HCiclopenta[1,3] ciclopropa[1,2]	0.18
13.075	.gamma.-Elemene	0.59
13.150	Não identificado	0.13
13.258	Aristolene	0.09
13.417	Azulene,1,2,3,4,5,6,7,8-octahydro-1	0.15
13.542	Não identificado	0.05
13.867	Isoledene	0.22
13.992	1,6Ciclodecadieno, 1 -metil-5-mel	1.20
14.158	Naftaleno, 1,2,3,4,4a,5,6,8a0Octal	4.59
14.575	1,5 Ciclodecadieno, 1,5-dimetil-1-8-	0.36
14.808	1H-Ciclopropa[a]naftaleno	0.60
14.925	Naftaleno,1,2,3,5,6,8a-hexahidr	1.46
15.150	.alfa,-Cubebeno	0.07
15.208	alfa,-Muuroleno	0.16
15.392	Naftaleno, 1,2,3,4-tetrahidro-1,6	0.27
15.508	Não identificado	0.07
15.825	Ciclo-hexanometanol,4-etenil-a	0.54
15.942	Longipinocarveol, trans	0.16
16.042	Naftalina, 1,2-di-hidro-1,1,6-trina	0.16
16.333	Não identificado	0,03
16.417	1-Naphthalenol, 1,2,3,4,4a,7,8,8a,	o.o6
16.483	9-Metoxicalameneno	0.11
16.583	Álcool glaucílico	0.12
16.658	1H-Cicloprop[e]azulen-7-ol, decaído	0.50
16.725	Óxido de cariofileno	0.23
16.958	Bioaletrina	0.28
17.542	1H-Cicloprop[e]azulen-7-ol, decaído	0.47
18.525	Ftalato de dietilo	2.23
18.908	Ciclooctasiloxano, hexadecametil	0.11
19.467	2,2,7,7-Tetrametiltriciclo[6.2.1.0	0.06
24.108	1H-Nafto[2,1-b]pirano, 3-etenilo	0.69
24.892	Kaurene	0.28

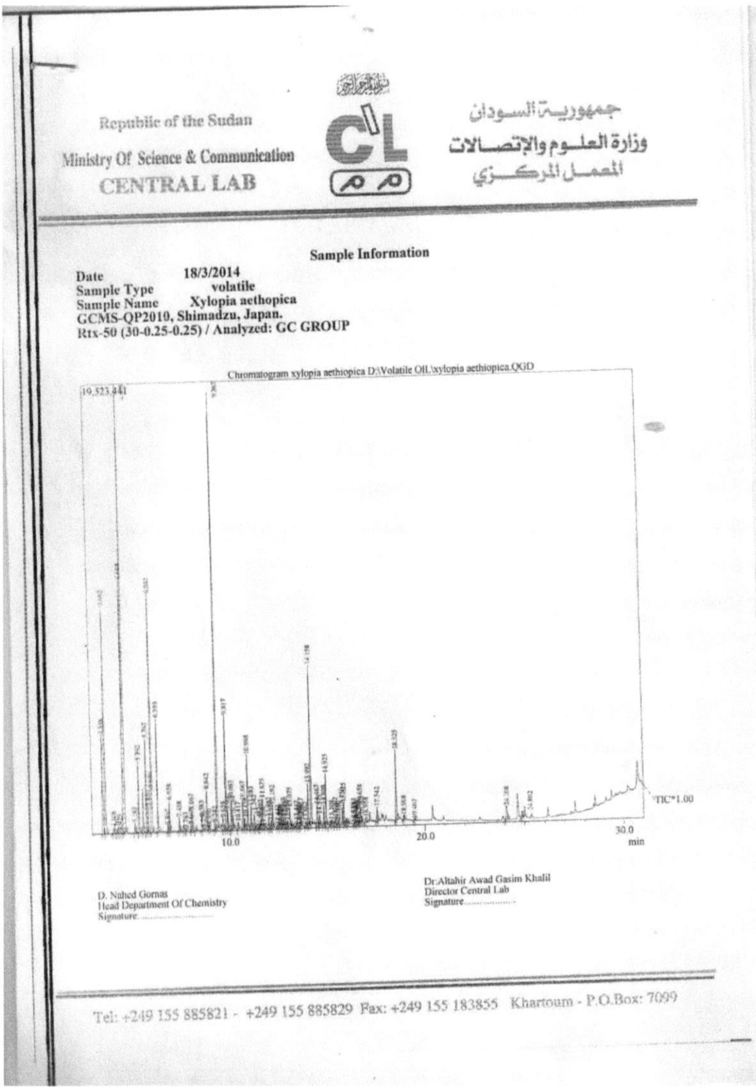

Figura (11). Análise GC/MS do óleo essencial de *Xylopia aethiopica*

3.9 Composição química do óleo essencial de *Eucalyptus camaldulensis* Dehnh.

O rendimento da extração do óleo essencial das folhas de *E. camaldulensis* foi de 2% **(Quadro 7).** A composição química do *Eucalyptus camaldulensis* foi analisada por GC/MS e foram identificados cinquenta e quatro compostos. **Tabela (16), Figura (12).**

O óleo essencial recentemente destilado das folhas de *E. camaldulensis* do Sudão foi analisado pela primeira vez por GC/MS. É constituído principalmente por monoterpenos, sesquiterpenos e os seus derivados oxigenados. Os constituintes principais incluíam benzeno, 1- metil 4-(1-metil etil (27,89%), globulol (15,28%), α-pineno (7,13%), 3-ciclohexeno [-1-01,4- metil -1(1(5,84%), α-gelandreno (3,55%) e timol (3%). **Tabela (16), Figura (12).**

A composição do óleo de *E. camaldulensis* de origem do Burundi, de Marrocos e do Benim foi objeto de estudos anteriores **(Zrira e Benjilali 1991, Zrira *et al* 1992, Delhier *et al.*, 1994).**

O principal componente destes óleos foi o 1,8 cineol, variando entre 31,0 e 72,5%, não tendo sido registada a presença de criptona. Foi demonstrado anteriormente que a criptona está presente em variedades com baixo teor de cineol de *E. camaldulensis* da Austrália **(Bignel *et al.*, 1996)** e do Benim **(Dellacassa *et al.*, 1990).**

Os principais constituintes identificados no óleo das folhas de *E. camaldulensis* do sul da Flórida incluíram p-cimeno (35,5%), criptona (13,7), terpinen -4-ol (5,7%), espathulenol (4,3%) e cuminaldeído (3.7%), enquanto os principais componentes do óleo de Moçambique foram 1,8 cineol (43%), α-pineno (5,5%), β-pineno (3,4%), p-cimeno (5,2%), terpinen -4-ol (3,1%) e globulol (4,1%). **(Francisco *et al.*, 2001).**

p-cimeno (68,43%), 1,8-cineol (13,92%), α-pineno (3,45%) e limoneno (2,84%) foram os principais constituintes identificados em Tarukey **(Sahin e Candan 2010).**

Embora o 1,8 cineol fosse o principal componente dos óleos de diferentes países, não foi identificado na *E. camaldulensis* cultivada no Sudão, o resultado mostrou que a composição química de um óleo essencial pode ser afetada por vários factores; condições do solo e condições climáticas ecológicas, idade das plantas e estação de colheita, o estado de maturação da planta utilizada (seca ou fresca), a parte da planta utilizada e a altura da recolha, etc.

Tabela (16): Composição química do óleo essencial das folhas de *Eucalyptus camaldulensis*

Tempo R	Nome	Área %
3.517	Bicyclo[3.1.0]hex- 2-ene,2-methyl-5-	0.12
3.658	.alfa.-pineno	7.13
4.075	Camphene	0.08
4.633	.beta.-pineno	0.15
4.808	.beta.-Mirceno	0.10
5.167	.alfa.-Phellandrene	3.55
5.375	(+)-4-Careno	0.22
5.583	D-Limoneno	1.96
5.750	.beta.-Phellandrene	0.80

5.842	1,3,6-Octatrineno,3,7-dimetil-,(E)-	0.09
5.892	Bicyclo[4.2.0]oct-1-ene,7-endo-ethe	0.08
6.033	Benzeno, 1-metil-4-(1-metiletil)	27.89
6.225	2-3-Epoxicarano(E)	0.15
6.342	1,4-Ciclohexadieno, 1-metil-4-(1 -	1.52
6.958	Biocyclo[4.1.0]hept-2-ene,3,7,7-trim	0.30
7.100	Ácido butanóico, 3-metil-,3-metil	0.64
7.783	Benzeno,1-metil-4-(1 - éter metílico	0.25
8.008	Fenchol,exo	0.14
8.342	Trans-p-menta-2-8 dienol	0.05
8.492	Ciclo-heptano,1,3,5-tris(metileno)	0.04
8.658	3-Ciclopenteno-1-acetaldeído,2,2	0.06
8.833	Trans-Pinocarveol	2.93
9.350	3-Cyclohexen [-1-01,4-methyl-1-(1-	5.84
9.650	Biocyclo[2.2.1]heptan-2-one,5,5,6	1.16
9.808	3-Ciclo-hexeno-1-metanol, .alfa	1.48
9.892	Biocyclo[2.2.1]heptan-3-one,6,6 dim	1.08
10.092	Biociclo[3.1.1]hept-2-eno,2-metanol	0.27
10.333	Biociclo[3.1.0]hexan-3-ol ,4-metilo	1.37
10.417	Benzenometanol, .alfa.,.alfa.,4	0.29
10.500	Biociclo[3.1.0]hexan-3-ol ,4-metilo	0.13
10.650	Carveol	0.21
10.925	Ciclo-hexanol,2-metileno-5-(1-	0.47
11.158	Acetato de 4-tujen-2 .alfa.-ilo	0.70
11.492	2-Ciclo-hexeno-1-ona , 2-metil-5-(1me	1.50
11.783	4,4- Dimetilbiciclohexil-3-3-dieno	2.25
12.192	Fenol, 2-metil- 5-(1-metiletilo)	0.36
12.283	Ciclo-hexeno, 2-etileno-1-1,3,3-trimet	0.84
12.542	Timol	3.01
13.150	1H-Cicloprop[e]azuleno, deca-hidratado	3.24
13.717	Azuleno, 1,2,3,3a,4,5,6,7-octa-hidro	0.69
13.808	Propionanilida, 3-(bicicleta[2.2.1]hep	0.40
15.350	2-Methy-4-(1-methylethyl)-2-cyclo	0.59
15.567	Ácido butanóico, 3-metil-, 2-fanilo	0.39
15.867	Ledol	2.54

15.950	4aH-Cicloprop[e]azulen-4a-ol, deca	0.22
16.008	1,3,3-trimethyl-2-(2-methyl-cyclop	0.21
16.225	1H-Cicloprop[e]azulen-4-ol, decaído	0.66
16.475	(-)-Globulol	15.28
16.567	Tricyclo[3.3.1.1(3,7)-]decane, 1-bro	0.83
16.617	Cubenol	2.24
17.150	2-Naphthalenemethanol, 2,3,4,4a,5,	1.69
17.608	Naftaleno1, 2,3,4,4a,5,6,8a-octah	0.77
18.008	1- Naftaleno, deca-hidro-1,4a-dir	0.46
18.108	(IR)- 2,6,6 Trimtilbiciclo[3.1.1]	0.59

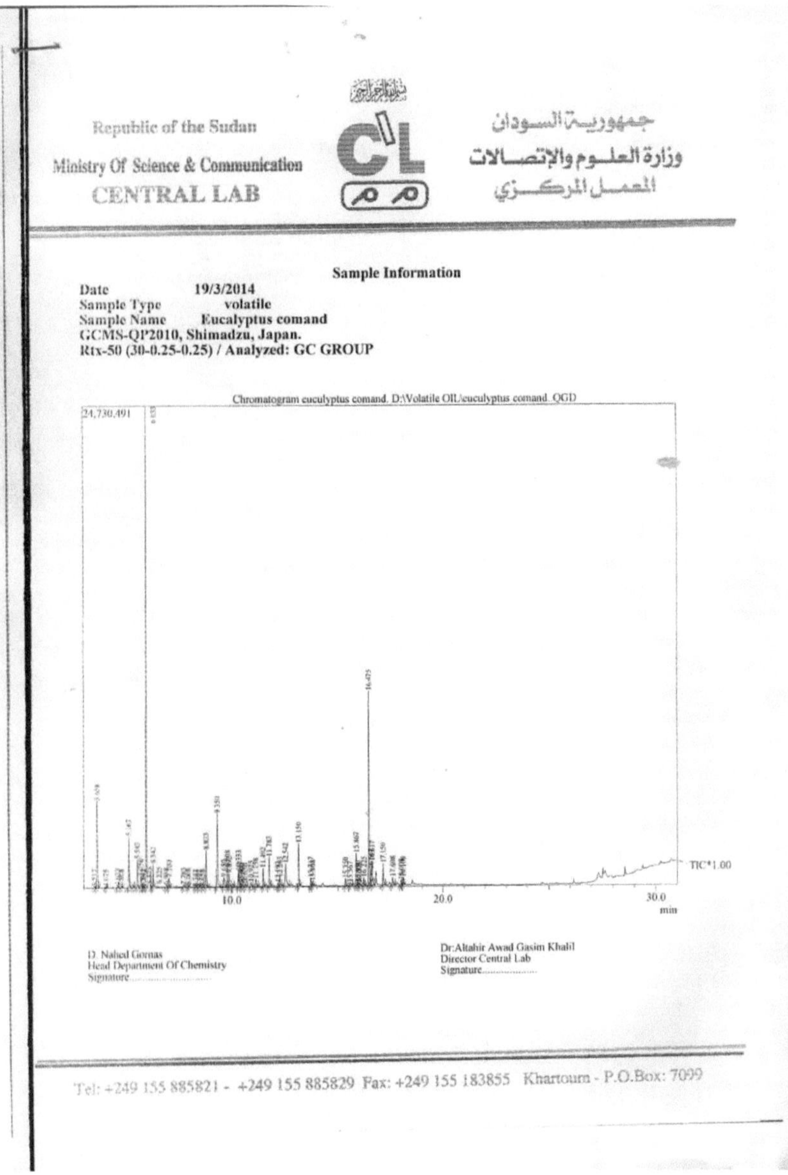

Republic of the Sudan
Ministry Of Science & Communication
CENTRAL LAB

جمهورية السودان
وزارة العلوم والإتصالات
المعمل المركزي

Sample Information

Date 19/3/2014
Sample Type volatile
Sample Name Eucalyptus comand
GCMS-QP2010, Shimadzu, Japan.
Rtx-50 (30-0.25-0.25) / Analyzed: GC GROUP

D. Nahed Gomas
Head Department Of Chemistry
Signature.........

Dr.Altahir Awad Gasim Khalil
Director Central Lab
Signature.........

Tel: +249 155 885821 - +249 155 885829 Fax: +249 155 183855 Khartoum - P.O.Box: 7099

Figura (12). Análise GC/MS do óleo essencial de *E.camaldulensis*.

3.10 Conclusão:

1. Os óleos essenciais de *X. aethiopica* e *E. camaldulensis* mostraram vários graus de atividade inibitória contra os organismos Gram positivos e Gram negativos e os dois fungos testados.

2. Os resultados encorajadores indicaram que ambas as plantas podem ser exploradas como antibióticos naturais para o tratamento de várias doenças infecciosas.

3. As duas plantas estudadas provaram a sua toxicidade utilizando o teste de letalidade da artémia e a sua segurança utilizando o brometo de tetrazólio em microcultura (ensaio MTT) na linha celular Vero normal.

4. A atividade antimicrobiana dos óleos essenciais de diferentes partes de *X. aethiopica* e *E. camaldulensis* pode estar diretamente associada aos seus constituintes principais ou à presença de sinergia entre os constituintes principais e secundários do óleo.

3.11 Recomendações:

1. Devem ser efectuados estudos farmacológicos, toxicológicos e clínicos sobre os óleos essenciais de *X. aethiopica* e *E. camaldulensis* para avaliar a sua segurança, eficácia terapêutica e potencial de utilização comercial.

2. Formulação dos extractos activos em formas de dosagem adequadas.

3. Isolamento e caraterização dos ingredientes activos responsáveis pela atividade antimicrobiana.

REFERÊNCIAS

Abd-Alla, M. F., El-Negoumy S. I., El-Lakany M. H. e Saleh N. A. M. (1980). Glicosídeos flavonóides e a quimiossistemática de *Eucalyptus camaldulensis*. Phytochemistry, 19: 2629-2632.

Adams, R.P. (2001). Identification of essential oil components by Gas Chromatography /Mass Spectrometry (Identificação de componentes de óleos essenciais por cromatografia gasosa/espetrometria de massa). Allured Publishing Corp. Illinois.

Adewoyin, F. B., Odaibo, A. B. and Adewunmi, C. O. (2006), Mosquito repellent activity of *Piper guineense* and *Xylopia aethiopica* fruits oils on *Aedes aegyptii*. Afr. J. Trad. CAM., 3(2): 79-83.

Akin-Osanaiye, B. C., Agbaji, A.S. e Dakare, M.A.(2007). Atividade antimicrobiana de óleos e extractos de *Cymbopogon citratus* (erva-cidreira), *Eucalyptus citriodora* e *Eucalyptus camaldulensis*. J. Med. Sci., 7(4): 694-697.

Ames, G. R. e Mathews, W. S. A. (1968). A destilação de óleos essenciais. Tropical Science. 10 (3): 15- 16.

Aminimoghadamfarouj, N., Nematollahi, A. e Wiart, C. (2011). Annonaceae: bio-recurso para a descoberta de drogas de amanhã. J.Asian. Nat. Prod. Res., 13(5):465-476.

Anderson, T.G. (1970). Testes de suscetibilidade a agentes antimicrobianos em fluidos corporais. Manual of clinical microbiology. Editado por J.E.Blair, E.H.Lennette e J.P. Truant.Bethasoda, Maryland, American Society for Microbiology, Washington.

Arfao, A.T., Nola, M., Djimeli, C. L., Nougang, M. E. e Fokou, J. B. (2013). Cultivabilidade de *Salmonella typhi, Vibrio cholerae* e *Escherichia coli* enteropatogénica em microcosmos de água na presença de extrato de folhas de *Eucalyptus microcorys*: efeito da concentração de extrato de folhas e temperatura de incubação. Int. J. Res. Biosci., 2(4): 32-46.

Asekun, O.T. e Adeniyi, B.A. (2004). Actividades antimicrobianas e citotóxicas do óleo essencial do fruto de *Xylopia aethiopica* da Nigéria. Fitoterapia, 75(3-4): 368-370.

Ayedoun, A.M., Adeoti, B.S., e Sossou, P.V. (1996). Influência dos métodos de conservação dos frutos na composição do óleo essencial de *Xylopia aethiopica* (Dunal) A. Richard do Benim. Flav. Fragr. J. 11:245.

Babayi, H., Kolo, I., Okogun, J. I. e Ijah, U. J. J. (2004). As actividades antimicrobianas dos extractos metanólicos de *Eucalyptus camaldulensis* e *Terminalia catappa* contra alguns microrganismos patogénicos. Uma revista internacional publicada pela Sociedade Nigeriana de Biologia Experimental. Biokemistri, 16(2):106-111.

Bachir, R. G. e Benali, M. (2008). Atividade antibacteriana dos óleos essenciais das folhas de *Eucaloyptus globules* e *Eucalyptus camaldulensis*. Jornal de Farmacologia, 2(10): 211-215.

Bachir, R. G. e Benali, M. (2014). Atividade antibacteriana do óleo essencial de *Eucalyptus camaldulensis* do Noroeste da Argélia contra *Escherichia coli* e *Staphylococcus aureus*. Jornal de Medicina da Vida Costeira, 2(10): 799-804.

Bakkali, F., Averbeck, S., Averbeck, D. e Idaomar, M. (2008). Biological effects of essential oils-A review. Food Chem. Toxicol., 46: 446-475.

Barry, A. I., Garcia e Thrupp, L. D. (1970). Interpretação dos resultados dos testes de sensibilidade Am. Clin. Path, 53: 149.

Basile, A., Senatore, F., Gargano, R., Sorbo, S., Del Pezzo, M., Lavitola, A., Ritieni, A., Bruno, M., Spatuzzi, D., Rigano, D. e *et al.*(2006) Antibacterial and antioxidant activities in *Sideritis italica* (miller) Greuter et Burdet essential oils. J. Ethnopharmacol, 107: 240-248.

Begum, S., Farhat, I., Sultana, B., Siddiqui, S., Shaheen, F. e Gillani, A.H. (2000). Triterpenoidal constituents from *Eucalyptus camaldulensis* var. *obtusa* leaves. J. Nat. Prod., 63: 1265-1268.

Benayache, S., Benayache, F. e Benyahia, S. (2001). Óleos de folhas de algumas espécies de eucalipto que crescem na Argélia. J.Essent.Oil Res.,13: 210- 213.

Bernath, J. (2009). Plantas aromáticas. Em Cultivated Plants, Primarily as Food Sources; Fuleky, G., Ed. EOLSS: Paris, França. 2: 329-352.

Bignel, C.M., Dunlop, P.J., Brophy, J.J. e Jackson, J.F. (1996). Volatile leaf oils of some South-Western and Southern Australian species of genus *Eucalyptus*. Parte VII. Subgénero Symphyomyrtus, Secção exsertaria.Flav. Fragr. J., 11: 35- 4.

Boakye-Yiadom, K., Fiagbe, N. I. Y. e Ayim, J. S. K. (1977). Propriedades antimicrobianas de algumas plantas medicinais da África Ocidental. IV. Atividade antimicrobiana de xilopic e outros diterpenos dos frutos de *Xylopia aethiopica* (Annonaceae). Lloydia, 40: 543-545.

Botsoglou, N.A., Christaki, E., Florou-Paneri, P., Giannenas, I., Papageorgiou, G. e Spais, A.B. (2004). O efeito de uma mistura de óleos essenciais de ervas ou de acetato de a-tocoferilo nos parâmetros de desempenho e na oxidação dos lípidos corporais em frangos de carne. S. Afr. J. Anim. Sci., 34: 52-61.

Brenes, A. e Roura, E. (2010). Óleos essenciais na nutrição de aves: Principais efeitos e modos de ação. Anim. Feed Sci. Technol., 158: 1-14.

Brooker, M. I. H. e Kleinig, D.A. (2006). Guia de Campo do Eucalipto. Vol.1. South-eastern Australia, Terceira edição.

Burkhill, H. M. (1985). Useful Plants of West Africa, 2ª ed., vol. 1, Royal Botanic Gardens, Kew. pp130-132.

Bussmann, R., Malca, G., Glenn, A., Sharon, D., Nilsen, B., Parris, B., Dubose, D., Ruiz, D., Saleda, A., Martinez, M., Carillo, L., Walker, K., Kuhlman, A. e Townesmith, A. (2011). Toxicidade de plantas medicinais usadas na medicina tradicional no norte do Peru. J Ethnopharmacol, 137(1):121.

Carballo,J., Hernandez-Inda, Z., Perez, P. e Garcia-Gravalos, M. (2002). Comparação entre dois ensaios com artémia para detetar a citotoxicidade *in vitro* de produtos naturais marinhos. BMC Biotechnol, 2: 17-21.

Cheesbrough, M. (1984). Laboratório Médico. Manual para países tropicais.Vol.II

Cheesbrough, M. (1996). Laboratório Médico. Manual para os Países Tropicais (Microbiologia) Tropical Health Technology, 14 Bevills, Close, Paddington, Cambridge Shire (Pub.) England.Vol.II

Cheesbrough, M. (2000). District laboratory practice in tropical countries. E.C.B.S.Cambridge University Press edição 2:256-267.

Cooper, K.E. e Kavanagh, F. (1963). Analytical Microbiology, Vol.I.Academic Press, (Pub.) New York and London.

Cooper, K.E. e Kavanagh, F. (1972) Analytical Microbiology, Vol.I.Academic Press, (Pub.) New York and London.

Cowan, M. M. (1999). Produtos vegetais como agentes antimicrobianos. Clin. Microbiol. Rev. 12: 564-582.

Cruikshank, R., Doguid, J.P., Marmion, B. P. e Swain, R. H. (1975). Medical microbiology, 12th Edn. Churchill, living stone (Pub.) Edimburgo, Londres e Nova Iorque. Volume 2, pp 120.

Dellacassa, E., Menendez, P., Moyna, P. e Soler, E.(1990). Composição química de óleos essenciais *de eucaliptos* cultivados no Uruguai. Flav. Fragr. J.,5: 91-98.

Del-Rio, A., Obdulio, B.G., Castillo, J., Main, F.R. e Ortuno, A. (1997). Usos e propriedades dos flavonóides dos citrinos. J. Agric. Food Chem., 45: 4505-15.

De-Rosa, S., Crispino, A., de Giulio, A., Iodice, C., Pronzato, R. e Zabodnik , N. (1995). Cacospongionolide B, Novo Sesquiterpeno da Esponja *Fasciospongia cavernosa*. J. Natural Products. 58(11): 1776-1780.

Delhier, M., Nduwimana, A., Cordier, Y., Menut, C. e Lamaty, G.(1994). Plantas Aromáticas da África Central Tropical. XVI. Estudos sobre óleos essenciais de cinco espécies de *Eucalyptus* cultivadas no Burundi, J. Essent. Oil Res., 6: 469-473.

Duschatzky, C.B., Possetto, M.L., Talarico, L.B., Garcia, C.C., Michis, F., Almeida, N.V., Lampasona, M.P.D., Schuff, C. e Damonte, E.B. (2005). Avaliação das propriedades químicas e antivirais de óleos essenciais de plantas sul-americanas. Antivir. Chem. Chemother, 16: 247-251.

Ekundayo, O. (1989). Uma revisão dos voláteis das Annonaceae. J. Essent. Oil Res., 12:23.

El-Ghorab, A.H., El-Massry, K.F. e Fadel, H.M. (2002). O *Eucalyptus camaldulensis* var. *brevirostris* egípcio: composições químicas do óleo volátil do fruto e atividade antioxidante, Flavour Fragrance J., 17: 306-312.

EL-Kamali, H. H. e Adam, H. O. (2009). Plantas Aromáticas do Sudão: Parte II. Composição química do óleo essencial de *Xylopia aethiopica* (Dunal)A.Rich. - Existência de espécies quimiotipadas: Adv. in Nat. Appl. Sci., 3(2): 166-169.

Evans, C. (2003). Em: Trease and Evans Pharmacognosy 13th Edition, W. B. Saunders, pp 253-288.

Fall, D. M., Badiane, D. B., Loiseau, P., Bories, C., Gleye, C., Laurens, A. e Hocquemiller, R. (2003). Actividades antiparasitárias da Annonacae senegalesa utilizada na medicina tradicional. Dakar Med., 48(2): 112-116.

Faulkner, D.F., Lebby, D., Waterman, P. G.(1985). Estudos químicos nas Annonaceae. Parte 19. Outros diterpenos da casca do caule de *Xylopia aethiopica*. Planta Med., 4:354- 355.

Fleischer, T. C., Mensah, M. L., Mensat, A. Y., Komiuga, S. Y., Gbedemg, S. Y. e Skaltsa, H. (2008).Antimicrobial Activity of Essential oils of *Xylopia aethiopica*. Afr. J. Trad. CAM., (4): 391-393.

Fleischer, T.C. (2003) *Xylopia aethiopica* A Rich.: Uma perspetiva química e biológica, J. Univ. Sci. Technol., 23: 24 - 31.

Francisco-Ortega, J., Barber, J.C., Santos-Guerra, A., Febles-Hernândez, R. & Jansen, R.K. (2001) Origin and evolution of the endemic genera of Gonosperminae (Asteraceae: Anthemideae) from the Canary Islands: Evidence from nucleotide sequences of the Internal Transcribed Spacers of the nuclear ribosomal DNA. American Journal of Botany, 88: 161-169.

Garrod, L. P., Lamber, H. P. e Grady, F. O. (1981) Antibiotic and Chemotherapy,5th Edn.,Churchil,Livingstone(Pub.)Edinburgh.

Rede de Informação sobre Recursos de Germoplasma (GRIN) (2007). "Género: *Xylopia* L.". *Taxonomia para* plantas. USDA, ARS, Programa Nacional de Recursos Genéticos, Laboratório Nacional de Recursos de Germoplasma, Beltsville, Maryland. Recuperado em 2008-04-19.

Farmacopeia Herbal do Gana. (1992): Instituto de Investigação Política e Planeamento Estratégico (PORSPI). In The Advent Press. Accra. pp :150-152.

Giamakis, A., Kretsi, O., Chinou, O. e Spyropoulos, C.G. (2001). *Eucalyptus camaldulensis*: voláteis de flores imaturas e alta produção de 1,8-cineol e β-pineno por culturas *in vitro*, Phytochemistry, 58: 351-355.

Gil, L., Tadesse, W., Tolosana, E. e López, R. (2010) Eucalyptus species management, history, status and trends in Ethiopia. Addis Ababa, Etiópia: Ethiopian Institute of Agricultural Research; [Online] Disponível em: http://www.upm.es/observatorio/vi/index.jsp?pageac=actividad.jsp&id_actividad=76029 [Acedido em 23 Out 2013]

Gould, J.C., Cruickshank, R., Duguid, J.P., Marimion, B.P. e Swain, R.H. (1975). Microbiologia Médica, Churchill, Livingstone (Pub.) Edinburgh, 12ª Edn.

Greathead, H. (2003). Plantas e extractos de plantas para melhorar a produtividade animal. Proc. Nutr. Soc., 62: 279-290.

Greenwood, D., Slack, R. e Pentherer, J. (1994). Medical Microbiology 14th Edn.Churchil,Livingstone,New York , Edinburgh , London, Madrid and Tokyo(Pub.)

Hammer, K.A., Carson, C.F. e Riley, T.V. (2002). Atividade *in vitro* do óleo de *Melaleuca alternifolia* (árvore do chá) contra dermatófitos e outros fungos filamentosos. J. Antimicrob. Chemother, 50: 195-199.

Harrigan, G.G., Bolzani, V.S., Gunatilaka , A.A.L. e Kingston. D.I.G. (1994). Kaurane e trachylobane diterpenes de *Xylopia aethiopica*. Phytochemistry ,36:109.

Harris, M. (Edn.) (1964) Pharmaceutical Microbiology Mailiere, Tindal and Cox. London.

Harwig, J. e Scott, P. (1971). Larvas de artémia (*Artemia salina* L.) como sistema de rastreio de toxinas fúngicas. Applied Microbiology, 21: 1011-1016.

Hazra, A. e Chatterijee, P. (2008). Composto antitumoral não tóxico das folhas de *Bauhinia scandens* caracterizado como 1-O-alquilglicerol por cromatografia líquida em fase gasosa e avaliação da sua propriedade antitumoral por bioensaio de artémia. Industrial Crops and Products, 27(1) : 39-43.

Hillis, W.E. (1966). Variação na composição de polifenóis em espécies de *Eucalyptus* L'Herit, Phytochemistry, 5: 541-556.

Hullatti, K. K. e Murthy, U. D. (2010). Isolamento guiado por atividade de compostos citotóxicos de plantas medicinais indianas usando bioensaio BSL. Jornal de Investigação Farmacêutica Atual, 01: 16-18.

Husanya, O. A., Odunbakum, O. A., Aesetan, T. O. e Amosun, O. T. (2012). Atividade antimicrobiana de extractos de frutos de *Xylopia aethiopica* e combinação com antibióticos contra agentes patogénicos bacterianos clínicos. Jornal de Biologia Agricultura e Saúde, 2(9): 1-8.

Indabawa, I.(2009). Deteção e estudo toxicológico da microcistina por ensaio de artémia a partir de *Microcystis aeruginosa* isolada de fossas de Kano Burrow. Bioscience Research Communications, 21(5): 209-214.

Irvine, F. (1961). Woody Plants of Ghana, Crown Agents for Overseas Administration, Londres, pp.23-24.

Isman, M. B. (2000). Óleos essenciais de plantas para a gestão de pragas e doenças. Crop Protect, 19: 603-08.

Issakou, B., Jean, B., Patrick, H., Valere, F., Lauve, R. T., Magali, G., Audrey, G., Marcel, G., Lucain, W., Youssouf, S., Pierre, M. D., Fabrice, F. B. e Chantal, M. (2014). Composição e atividade citotóxica de óleos essenciais de *Xylopia aethiopica* (Dunal) A. Rich, *Xylopia parviflora* (A. Rich) Benth. e *Monodora myristica* (Gaertn) crescendo no Chade e Camarões BMC Complementary and Alternative Medicine, 14: 125

Itmad, A., El. Elmubarak ,El., Saad M. e Hussein, A. (2010) Composição química do óleo essencial em frutos secos de *Xylopia aethiopica* do Sudão Open Access Journal of Medicinal and Aromatic Plants, 1(1): 24-28.

Iwu, M.W., Duncan, A.R. e Okunji, C.O. (1993). Novos antimicrobianos de origem vegetal. pp 457-462.

Jaki, B., Burji, H. e Stich-er, O. (1999). Rastreio biológico de cianobactérias para atividade antimicrobiana e moluscida, letalidade de artémia e citotoxicidade. Pharm. Biol., 37: 138-143.

Jawetz, E., Melnick, J. L. e Adelbergs, E. A. (2001). Medical Microbiology, Twenty- second Edition, Middle East Edition. Impresso no Líbano por Typopress. pp 217-229.

Jawetz, E., Melnik, J. L. e Adel berg, E.A. (1995). Medical Microbiology 2nd . Edition Appleton and Lange, Norwalk, California, Libraire du Liban, Beirute, Líbano.

Jirovetz, L., Buchbauer, G. e Ngassoum, M. (1997).Investigação do óleo essencial dos frutos secos de *Xylopia aethiopica* (árvore da pimenta da África Ocidental) e *Xylopia parviflora* dos Camarões). Ernahrung 21(7-8): 324- 325.

Karioti, A., Hadjipavlou-Latina, D., Mensah, M. L. K., Fleischer, T. C. e Skaltsa, H. (2004). Composição e Atividade Antioxidante dos Óleos Essenciais das *Folhas de Xylopia aethiopica* (Dun) A. Rich. (Annonaceae) Folhas, Casca do Caule, Casca da Raiz e Frutos Frescos e Secos, Cultivados no Gana. J. Agric. Food Chem., 52: 8094 - 8098.

Kavanagh, F. (1972) Analytical Microbiology, Vol.II, Academic Press (Pub.) New York and London pp11.

Keita, B., Sidibe, L., Figueredo, G. e Chalchat, J.C. (2003). Composição química do óleo essencial de *Xylopia aethiopica* (Dunal) A. Rich. do Mali. J. Essent. Oil Res., 15(4): 267-269.

Koba, K. e Sanda, K. (2008). Composição química e atividade citotóxica *in vitro* de *Xylopia aethiopica* (Dun.) A. Rich (Annonaceae). Óleo essencial de fruto do Togo. O jornal de Pesquisa de Óleo Essencial, 20(4): 354-357.

Konnning, G.H., Agyare, C. e Ennison, B. (2004). Atividade antimicrobiana de algumas plantas medicinais do Gana. Fitoterapia, 75:65-67.

Kupahan, S.M., P.S. Steyn, M.D. Grove, S.M. Horsefield e S.W. Meitner, (1969). Inibidores de tumores, xxxv Myrsine saponin. O princípio ativo da *Myrsine africana*. J. Med. Chem., 12: 167-169.

Lubbe, A. e Verpoorte, R.(2011). Cultivo de plantas medicinais e aromáticas para materiais industriais especializados. Ind. Crops Prod., 34: 785-801.

Lund, E., Funder-, S., Christensen, H. e Duponta, A. (1951) Ata Path. Microbial. Scand., pp.29, 221.

Ma, W.W., J.E. Anderson, C. J. Chang, D.L. Smith e J.L. McLaughlin, 1989. Majorenolide e majorynolide. Um novo par de δ-lactonas alceno-alquino citotóxicas e pesticidas da *Persia major*. J. Nat. Pdts, 52: 1265-1266.

Martinez, M., Ramo, J.D., Torreblanca, A. e Diaz-Mayans, J. (1999). Efeito da exposição ao cádmio nos níveis de zinco na artémia *Artemia parthenogenetica*. Effect of cadmium exposure on zinc levels in the brine shrimp *Artemia parthenogenetica*. Aquaculture, 172: 315-325.

Mayer, B.N., Ferrigni, N.R., Putnam, J.E., Jacobsen, L.B., Nichols, D.E. e McLaughlin, J.L. (1982). Camarão de salmoura: um bioensaio conveniente para constituintes activos de plantas. Planta Medica, 45: 31-34.

McLauglin J.C. (1991). Crown gall tumors on potato discs and brine shrimp lethality:Two brine shrimp bioassays for higher plant screening. In: Hostettmann K, ed. Methods in Biochemistry: Assays for Bioactivity, Vol. 6, Londres, Academic Press, pp. 1-32.

Mehani, M. e Ladjel, S. (2011). Efeito antimicrobiano dos óleos essenciais da planta *Eucalyptus camaldulensis* em algumas bactérias patogénicas Conferência Internacional sobre Biologia, Ambiente e Química IPCBEE vol.24 IACSIT Press, Singapura.

Mehani, M. and Ladjel, S. (2012) Antimicrobial Effect of Essential Oils of the Plant *Eucalyptus Camaldulensis* on Some Pathogenic Bacteria International Journal of Enviromental scinence and Development. 3(2):86-88.

Michael, A., Thompson, C. e Abramovitz, M.(1956). *Artemia salina* como organismo de teste para bioensaio. Science, 123: 464.

Miles, M. e Misra, S. S. (1938). A estimativa do poder bactericida do sangue. J. Hyg., 38: 732.

Mohammad, J. e Naimeh, K. (2010) As Actividades Antimicrobianas de Extractos Metanólicos de *Eucalyptus camaldulensis* Contra *Bacillus subtilis*, *Staphylococcus aureus* e *Escherichia coli* Journal of Research in Agricultural Science, 6: 63- 67.

Moon, T., Wilkinson, J. M. e Cavanagh, H.M. (2006). Atividade antiparasitária de dois óleos essenciais *de Lavandula* contra *Giardia duodenalis*, *Trichomonas vaginalis* e *Hexamita inflata.* Parasitol, Res., 99: 722-728.

Mshana, N. R., Abbiw, D. K., Addae-Mensah, I., Adjanouhoun, E., Ahyi, M. R. A., Ekpere, J. A., Enow-Orock, E. G,. Gbile, Z. O., Noamesi, G. K., Odei, M. A., Odunlami, H., Oteng-Yeboah, A. A., Sarpong, K., Sofowora, A. e Tackie, A. N. (2000). Traditional Medicine and Pharmacopoeia, Contribution to the revision of ethnobotanical and Floristic Studies in Ghana, Relatório Técnico OAU/STRC, pp. 67.

Nadia, AB., El-Kamali, H., Manal, M. R., Kadry, Z. G. e Abdel Razik H. F. (2013). Os compostos voláteis *de Xylopia aethiopica* protegem contra a toxicidade hepática e renal induzida por Panadol em ratos machos World Applied Sciences Journal, 27 (1): 10-22.

N' dri, K., Bosson, A. K., Mamyrbekova- Bekro, J.A., Jean, N. e Bekro, Y. A. (2009). Composição Química e Atividade Antioxidante do Óleo Essencial de *Xylopia aethiopica* (Dunal) A. Rich European Journal of Scientific Research, 37(2): 311318.

Negi, P.S. (2012). Extractos de plantas para o controlo do crescimento bacteriano: Eficácia, estabilidade e questões de segurança para aplicação alimentar. Int. J. Food Microbiol, 156: 7-17.

Noudjou, F., Kouninki, H., Hance, T., Haubruge, E., Ngamo, L. S., Maponmestsem, P. M., Ngassoum, M., Malaisse, F., Marlier, M. e Lognay, G. (2007). Composição dos óleos essenciais de *Xylopia aethiopica* (Dunal) A. Rich dos Camarões e identificação de um diterpeno menor: ent-13-epi manoyl oxide. Biotechnol. Agron. Soc. Environ., 11(3):193-199.

Ogunkunle, A.T.S. and Ladejobi, T.A. (2006).Estudos etnobotânicos e fitoquímicos sobre algumas espécies de *Senna* na Nigéria. Afr. J. Biotechnol, 5(21): 2020-2023.

Okigbo, R. N., Mbajiutka, C.S. e Njoku, C.O. (2005). Potencial antimicrobiano de *Xylopia aethiopica* e *Ocimum gratissimum* L. em alguns agentes patogénicos do Homem. Intern. J. Mol. Med. Advance, Sci., 4: 392-397.

Oladimeji, H.O, Nia, R e Essien, E. E. (2006). Potencial Anti-Microbiano *In-vitro* e Letalidade de Camarão em Salmoura das Folhas e Caule de *Calotropis procera* (Ait). Jornal Africano de Investigação Biomédica, 9: 205 - 211.

Olonisakin, A. M., Oladimeji, O. e Lajide, L. (2007). Composição e Atividade Antibacteriana dos Óleos Destilados a Vapor de *Xylopia aethiopica* e *Syzigium aromaticum*. Jornal de Engenharia e Ciências Aplicadas, 2: 236-240.

Omer, M. E. A. (2000). Atividade antimicrobiana de algumas plantas medicinais sudanesas. Tese de doutoramento da Universidade de Cartum, Sudão.

Orwa, C., Mutua, A., Kindt, R., Jamnadass, R. e Simons, A. (2009). Base de dados Agroforestree: um guia de referência e seleção de árvores versão 4.0 (http://www.worldagroforestry.org/af/treedb/).

Panahi, Y., Sattari, M., Babaie, A.P., Beiraghdar, F., Ranjbar, R., Joo, H. A. e *et al.* (2011). A atividade dos óleos essenciais de *Eucalyptus polycarpa, E. largiflorence, E. malliodora* e *E. camaldulensis* em *Staphylococcus aureus*. Iran J. Pharm. Res., 10(1): 43-48.

Patel, S., Gheewala, N., Suthar, A. e Shah, A. (2009). Atividade de citotoxicidade *in vitro* do extrato *de Solanum nigrum* contra a linha celular Hela e a linha celular Vero. Jornal Internacional de Farmácia e Ciências Farmacêuticas, 1(1) 38-46.

Persoone, G. and Wells, P.G.(1987).Artemia in aquatic toxicology: A review. In:Sorgellos,P.,Bengston,D.ADeceir,W.,Jaspers,E.(Eds),Artemia research and its applications , Morphology and genetics, strain characterization, toxicology, Vol.1.Universa Press , Wetteren, Belgium.

Peter, R. G. and Plorde, J.J. (1963).The usefulness of *in vitro* sensitivity tests in antibiotic therapy. Ann. Rev. Med., 14: 41-56.

Pelka, M., Danzl, C., Distler, W. e Petschelt, A.(2000). Um novo teste de rastreio para testes de toxicidade de materiais dentários. J. Dent., 28:341-5.

Platel, K. e Srinivasan, K. (2004). Ação estimulante digestiva das especiarias: Um mito ou uma realidade? Indian J. Med. Res., 119: 167-179.

Podschun, R., Acktun, H., Okpara, J., Linderkamp, O., Ullmann, U. e Borneff-Lipp, M. J. (1998). Clin. Microbiol, 36(8):2331-2.

Quattrocchi, U. (2000). CRC World Dictionary of Plant Names, Vol. M-Q. CRC Press, Londres, Nova Iorque, Washington DC, pp.957. Investigação, 50: 62-65.

Rabunmi, R. e E. Pieeru (1992). Patente japonesa JP. 92-173277. Chem. Abstr., 120:270896.

Rahimi, N., Ahmadi, F. e Batooli, H.(2012). Composição do óleo essencial de *Eucalyptus procera* Dehnh. folhas do centro do Irão. Nat. Prod. Res., 26(7): 637-642.

Rahman, Ur., Choudary, M. I. e Thomson, J. (2000). Techniques for Drug Development, Harwood

Academic Publisher, Amesterdão.pp17-18.

Ryan, K. J. e Ray, C.G. (2004). Sherris Medical Microbiology, 4th ed. McGraw Hill, pp. 370.

Sacchetti, G., Maietti, S., Muzzoli, M., Scaglianti, M., Manfredini, S., Radice, M. e Bruni, R. (2005). Avaliação comparativa de 11 óleos essenciais de diferentes origens como antioxidantes funcionais, antirradicais e antimicrobianos em alimentos. Food Chem, 91: 621-632.

Sahin Basak, S. e Candan, F. (2010). Composição Química e Actividades Antioxidantes e Antidiabéticas *In vitro* de *Eucalyptus camaldulensis* Dehnh. Essential Oil J. Iran. Chem. Soc., 7(1): 216-226.

Salle, A. J. (1961) Fundamental principles of bacteriology. 5th Edition. McGraw- Hill Book Co., Londres, Reino Unido.

Schelz, Z., Molnar, J. e Hohmann , J. (2006). Actividades antimicrobianas e plasmídicas de óleos essenciais. Fitoterapia, 77: 279 -285.

Shahwar, D., Raza, M. A., Bukhari, S. e Bukhari, G. (2012). Poder antioxidante redutor férrico de óleos essenciais extraídos de espécies de Eucalyptus e Curcuma. Asian. Pac. J. Trop. Biomed., 2 (3): 1633-1636.

Singla, N., Thind, R.K. e Mahal, A.K. (2014) Potencial do óleo *de eucalipto* como repelente contra o rato doméstico, Rattus rattus. Sci. World. J. doi: 10.1155: 249-284.

Solis, P. N., Wright, C. W., Anderson, M. M., Gupta, M. P. e Phillipson, J. D. (1993). Um ensaio de citotoxicidade em micropoços utilizando *Artemia salina* (artémia). Planta Medica, 59: 250-252.

Srinivasan, K. (2004). As especiarias como factores que influenciam o metabolismo do corpo: Uma visão geral de três décadas de investigação. Food Res. Int. 38, 77-86.e oxidação de lípidos corporais em frangos de carne. S. Afr. J. Anim. Sci., 34: 52-61.

Tairu, A.O., Hofmann, T. e Schieberle, P. (1999). Identificação dos principais compostos aromáticos em frutos secos de *Xylopia aethiopica*. pp. 474-478.

Tarpley, W.(1958). Studies on the use of brine shrimp *Artemia salina* as *a* test organism for bioassay. Journal of Economic Entomology, 51: 780-783.

Tatsadjieu, L.N., Ngang, J.J.E., Ngassoum, M.B. e Etoa, F.X. (2003). Atividade antibacteriana e antifúngica de *Xylopia aethiopica*, *Monodora myristica*, *Zanthoxylum xanthoxyloides* e *Zonthoxylum leprieuri* dos Camarões. Fitoterapia, 74: 469472.

Thomas, O. O. (1989). Reexame das actividades antimicrobianas de *Xylopia aethiopica, Carica papaya, Ocimum gratissimum* e *Jatropha curcas*. Fitoterapia, 60: 147156.

Ultee, A. e Smid, E.J. (2001), Influência do carvacrol no crescimento e na produção de toxinas por *Bacillus cereus*. Int. J. Food Microbiol, 64: 373-378.

Van de Braak, S.A.A.J. e Leijten, G.C.J.J. (1999). Essential Oils and Oleoresins: A Survey in The Netherlands and Other Major Markets in the European Union; CBI, Centre for the Promotion of Imports from Developing Countries: Roterdão, Países Baixos.

Vanhaecke, P., Persoone, G., Claus, C. e Sorgeloos, P. (1981). Proposta de um teste de toxicidade a curto prazo com *Artemia* nauplii. Ecotoxicol. Environ. Segurança 5: 382-387.

Varel, V.H.(2002). Redução do odor do estrume de gado com óleos derivados de plantas e conservação do azoto com inibidores da urease: A review. J. Anim. Sci., 80: E1-E7.

Weiss, E. A. (2002) Spice Crops. Oxon: CABI Publishing pp:102-103.

Weiss. E. A. (1997) Essential oil crops CAB. International, Wallingford, Oxon Ox10 8DE. REINO UNIDO.

Wilkinson, J. F., Duguid, J. P., Marmion, B.P. e Swain, R.H. (Eds.) (1978). Medical microbiology. Churchill Livingstone, Edimburgo, 13th . Ed.

Yang, P. e Ma, Y. (2005). Efeito repelente de óleos essenciais de plantas contra *Aedes albopictus*. J. Vetor Ecol., 30: 231-234.

Yasmin, H., Muna, F., Haidar, Ab., Asaad, Kh. e Hassan, Kh. (2014). Um estudo da atividade antioxidante, inibição enzimática e toxicidade *in vitro* de plantas tradicionais sudanesas selecionadas com potencial antidiabético. BMC Medicina Complementar e Alternativa, 14:149 .

Zrira, S.S. e Benjilali, B.B. (1991). O óleo essencial das folhas e dos frutos de *E. camaldulensis*. J. Essent. Oil Res., 3: 443-444.

Zrira, S.S., Benjilali, B.B., Fechtal, M.M. e Richard, H.H.(1992). Óleos essenciais de vinte e sete espécies de Eucalyptus cultivadas em Marrocos. J. Essent. Oil Res., 4: 259264.

APÊNDICES

Atividade antibacteriana do óleo essencial dos frutos de *Xylopia aethiopica* e das folhas de *Eucalyptus camaldulensis* contra os isolados clínicos *Staphylococcus aureus* (1-10).

Organismos	*X.aethopica*	*E. Camaldulensis*
***S. a* 1**	16	15
S. a 2	16	14
S. a 3	15	14
***S. a* 4**	15	15
S. a 5	15	15
***S. a* 6**	17	15
S. a 7	16	15
***S. a* 8**	16	-
S. a 9	15	16
***S. a* 10**	16	16

Atividade antibacteriana do óleo essencial dos frutos de *Xylopia aethiopica* e das folhas de *Eucalyptus camaldulensis* contra os isolados clínicos *de Escherichia coli* (1-10).

Organismos	*X.aethopica*	*E. Camaldulensis*
***E.c* 1**	16	15
E.c 2	30	25
***E.c* 3**	16	16
***E.c* 4**	19	13
E.c 5	17	16
E.c 6	23	24
E.c 7	16	15
***E.c* 8**	19	21
E.c 9	19	15
***E.c* 10**	19	18

Atividade antibacteriana do óleo essencial dos frutos de *Xylopia aethiopica* e das folhas de *Eucalyptus camaldulensis* contra os isolados clínicos *de Klebsiella pnumoniae* (1-10).

Organismos	*X.aethopica*	*E. Camaldulensis*
***Kl* 1**	*17*	15
Kl 2	*17*	14
Kl 3	*17*	15
Kl 4	*17*	17
Kl 5	16	18
Kl 6	16	17
Kl 7	19	18
***Kl* 8**	20	21
Kl 9	18	17
***Kl* 10**	18	17

Atividade antibacteriana do óleo essencial dos frutos de *Xylopia aethiopica* e das folhas de *Eucalyptus camaldulensis* contra os isolados clínicos *Proteus vulgaris* (1-10).

Organismos	*X.aethopica*	*E. Camaldulensis*
***Pr* 1**	21	20
Pr 2	16	21
Pr 3	20	18
Pr 4	17	14
Pr 5	17	22
Pr 6	17	17
Pr 7	20	19
***Pr* 8**	17	20
***Pr* 9**	20	18
***Pr* 10**	23	17

Atividade antibacteriana do óleo essencial dos frutos de *Xylopia aethiopica* e das folhas de *Eucalyptus camaldulensis* contra os isolados clínicos *de Pseudomonas aeruginosa* (1-10).

Organismos	*X.aethopica*	*E. Camaldulensis*
***SI* 1**	14	13
SI 2	13	13
***SI* 3**	13	11
SI 4	13	12
SI 5	15	16
SI 6	14	15
SI 7	12	-
***SI* 8**	15	13
SI 9	14	15
***SI* 10**	14	14

MIX
Papier aus verantwortungsvollen Quellen
Paper from responsible sources
FSC® C105338

Printed by Books on Demand GmbH, Norderstedt / Germany